U0239257

现代果农致富 彩色图说系列

榴莲山竹
生产与病虫害防治

Production and Pests Control of
Durio zibethinus and *Garcinia mangostana*

梁广勤　胡学难　赵菊鹏　主编

中国农业出版社

北京

主　　编：梁广勤　胡学难　赵菊鹏

副 主 编：刘海军　马　骏　梁　帆
　　　　　马新华

参编人员（按姓名笔画排序）：

马　骏　马新华　王建国　韦　强

韦旭东　龙　阳　毕燕华　刘志斌

刘海军　杜志坚　李素冰　李爱民

杨卓瑜　吴佳教　何日荣　陈永红

林　莉　罗冠葱　周庆贤　赵菊鹏

胡学难　侯翠丽　袁俊杰　高泽正

黄炜燏　黄法余　梁　帆　梁广勤

董祖林　简丽蓉

前言

榴莲是著名的热带水果之一，原产于马来西亚、泰国、印度尼西亚、菲律宾等一些东南亚国家，其中输往中国的品种多为泰国的金枕头。榴莲果肉含有多种维生素，营养丰富，香味独特，有"水果之王"的美誉。山竹也是著名的热带水果，与榴莲齐名，同样原产于东南亚，一般要种植10年才开始结果，对环境要求非常严格。山竹果肉雪白嫩软，味道清甜甘香，微酸性凉，润滑可口，解乏止渴，生发补身，为热带水果中的珍品，被称为"果中皇后"。在我国的广东省尤其是广州，榴莲、山竹这两种水果很受消费者的欢迎。在泰国，人们将榴莲、山竹视为"夫妻果"。如果榴莲吃多了上了火，再吃上几个山竹就能缓解"火气"。

榴莲在我国海南省三亚市已试种成功，种植的榴莲树可以结果，但还未大面积商品化种植；在台湾省也已试种成功。山竹在中国的产地是海南，并在海南省五指山市试种成功。据悉，台湾省在20世纪初即开始山竹引种试验，由于当地的环境气候条件不适宜山

2

榴莲山竹
生产与病虫害防治 | Production and Pests Control of
Durio zibethinus and *Garcinia mangostana*

竹的生长发育，引种试验未能成功，因此，目前台湾尚未有实际的经济栽培。在广东省境内，榴莲、山竹均未有成功种植的记录。

随着我国的改革开放和加入WTO，贸易的领域在不断扩大，许多国家和地区的水果开始有机会进入中国市场。东南亚地区热带水果的进口，补充了以温带水果为主的中国市场的不足。以广州口岸为例，近些年来，从泰国、马来西亚、印度尼西亚、菲律宾和越南等国家，以及我国台湾省输入了多种热带水果，这其中包括榴莲、山竹、莲雾、芒果、番木瓜、红毛丹等，极大地丰富了国内水果市场。但与此同时，进出境口岸的植物检疫同样肩负重任，既要促进水果国际贸易的发展，还要防范危险性有害生物的传入。榴莲、山竹来自热带，根据资料以及在进境口岸检疫中的发现，包括螨类在内，在榴莲、山竹上有多种病虫害，一旦这些有害生物传入我国，在其获得适生的环境条件后就会迅速发展、传播并造成为害。为了适应当前及未来的生产及检验检疫的需要，我们编写了《榴莲山竹生产与病虫害防治》一书。

全书共分7章，内容包括榴莲、山竹的概述，生物学特性，病虫害及其防治，果实采收和储藏，文化及美食与保健，以及进境检验检疫质量控制，并提出了国内发展可行性分析。书中收录了粉蚧、蛾类、蓟马和螨类以及果实病害等，还参考了众多的文献以及检验检疫部门，如广东检验检疫局、深圳检验检疫局等多年来对这两种水果检疫时积累的经验，与作者已出版的《莲雾生产与病虫害防治》一书组成热带水果系列的姊妹篇。

本书图文并茂、通俗易懂，可为榴莲、山竹的栽培、病虫害管理、检验检疫以及榴莲、山竹的贸易提供技术支撑。可供检验检疫部门、水果栽培以及水果贸易部门决策时参考。本书具有较高的科学性、可操作性，对促进国内热带水果业的发展以及相关病虫害传入的控制起到积极的作用。本书由国家国际科技合作计划项目

（2011DFB30040）与科技部科技伙伴计划（KY201402015）资助出版。广东东联通运物有限公司及泰国农业部陈英才先生提供了部分图片，中国科学院华南植物园提供了技术支持，在此表示感谢！由于作者水平有限，书中错误恳请读者批评指正。

编　者
2016年5月

本书部分参编人员（黄跃辉提供）

目录

contents

前言

Production and Pests Control of
Durio zibethinus and *Garcinia mangostana*

第一章　概述

一、植物学分类

榴莲，学名*Durio zibethinus*，曾用名*Durio zibethinus Linnasus*，英文名Durian，为木棉科（Bombacaceae）榴莲属（*Durio* Adans）的双子叶植物。马来语称榴莲为"徒良"，泰语至今也是这样的叫法，也称Too-rian。据传，榴莲在古代曾被称之为"留恋"。榴莲属植物约有27种，作为果树栽培的只有榴莲1种。

山竹，学名*Garcinia mangostana*，曾用名*Mangostana garcinia* Gaerther，英文名Mangosteen，泰语为Mahng-Koof；中文别称：山竺、山竹子、倒捻子，《中国植物志》收载称莽吉柿，为藤黄科 [Guttiferae(Nom，Alt．Clusiaceae)] 藤黄属（*Garcinia* L．）的双子叶植物。山竹既可以指植物山竹，也可以指这种植物的果实山竹。树冠为圆形或圆锥形，树皮为黑褐色，树皮汁液为黄色。

二、植株及果实的形态特征

（一）榴莲

榴莲为常绿乔木，树高可达25米，幼枝顶部有鳞片。托叶长1.5～2厘米，叶片长圆形，有时为倒卵状长圆形，短渐尖或急渐尖，基部钝圆形，两面发亮，上面光滑，背面有贴生鳞片，侧脉10～12对，长10～15厘米，宽3～5厘米；叶柄长1.5～2.8厘米（图1-1，图1-2）。

聚伞花序细长下垂，簇生于茎上或大枝上，每序有花3～30朵；花蕾球形；花梗被鳞片，长2～4厘米（图1-3）。

榴莲的花只有3～5枚花瓣，但花蕊数目较多，上部4～5束，每束分裂为许多黄白色细长花丝，花丝基部合生1/4～1/2；榴莲的苞片托住花萼，比花萼短；萼筒状，高2.5~3厘米，基部肿胀，内面密被柔毛，具5~6个短宽的萼齿；花瓣黄白色，长3.5~5厘米，为萼长的2倍，长圆形匙状，后期外翻；雄蕊5束，每束有花丝4~18；蒴果椭圆状，淡黄色或黄绿色，长15~30厘米，粗13~15厘米；果实每室种子2~6，假种皮白色或黄白色，有强烈的气味（图1-4~图1-6）。花果期6~12月，结果期6~8月，每年的6月是榴莲的盛产期。果实足球大小，果皮坚实，密生三角形刺果肉是由假种皮的肉包组成，肉色淡黄，黏性多汁；一棵榴莲树每年可产约80个果实（图1-7、图1-8）。

图1-1　榴莲叶形（中国科学院华南植物园提供）

图1-2　榴莲叶片正面和背面（中国科学院华南植物园提供）

图1-3　簇生于茎上或大枝上的榴莲花序（陈英才提供）

图1-4 榴莲花开 (陈英才提供)

榴莲山竹
生产与病虫害防治　　Production and Pests Control of
Durio zibethinus and *Garcinia mangostana*

图1-5　榴莲花正在开放（陈英才提供）

图1-6　盛开的榴莲花（陈英才提供）

图1-7　榴莲果实结在枝干上（陈英才提供）

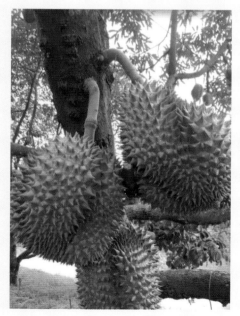

图1-8　榴莲果实结在树干上（黄彬提供）

（二）山竹

山竹与榴莲不是同一个家族，该植物为小乔木，高12～20米，分枝多而密集，交互对生，小枝具明显的纵棱条（图1-9）。叶片厚革质，叶面深绿色，具光泽，叶为单叶对生，椭圆形或椭圆状矩圆形，叶长14～25厘米，宽5～10厘米。叶背淡黄绿色；叶柄短而粗；叶基钝，叶尖且急尖，全缘；叶脉明显，中脉淡绿色，凸出，侧脉多达15～27对，在边缘内联结；叶柄粗壮，长约2厘米，互相平行，几乎垂直于主脉，叶片容易折碎（图1-10～图1-15）。当叶片被折破裂时，流出黄色树脂（图1-16、图1-17）。雄花2～9簇，生于枝条顶端，花梗短，雄蕊合生成4束，退化雌蕊圆锥形；雌花单生或成对，着生于枝条顶端，比雄花稍大，直径4.5～5厘米，花梗长1.2厘米；子房5～8室，几无花柱，柱头5～6深裂（图1-18、图1-19）。果成熟时紫红色，间有黄褐色斑块，光滑，有种子4～5，假种皮瓣状多汁，白色（图1-20～图1-22）。泰国山竹的结果期在5～9月。

图1-9　山竹成株树形（陈英才提供）

图1-10 山竹叶片的主脉和侧脉（黄彬提供）

图1-11 山竹叶形及主脉和侧脉（杜志坚提供）

图1-12　山竹叶芽显红色、对生（梁广勤提供）

图1-13　山竹叶对生（杜志坚提供）

图1-14　山竹植株对生分枝（梁广勤提供）

图1-15　山竹叶柄短且单叶对生（杜志坚提供）

图1-16　山竹植株受伤后溢出黄色乳汁状树脂（梁广勤提供）

图1-17　山竹嫩枝受伤后流出乳汁状树脂（陈英才提供）

图1-18 山竹开花状（陈英才提供）

图1-19 山竹开花并开始结果（陈英才提供）

榴莲山竹
生产与病虫害防治 | Production and Pests Control of
Durio zibethinus and *Garcinia mangostana*

图1-20　正在结果的山竹树（黄彬提供）

图1-21　山竹果实及枝叶（陈英才提供）

图1-22　即将成熟的山竹果实（陈英才提供）

　　山竹为藤黄科藤黄属的植物，单性同株，雄花数朵簇生，有退化的雌蕊，是一种雌雄异株的属种，然而，所有山竹树均具有带退化雌蕊；雌花单生，没有雄蕊，开花后期花瓣逐渐转为粉红色。种子是内心皮壁细胞无性发育而成，且发育于开花之前，种子繁殖事实上是无性繁殖，其后代种苗是其母树的"翻版"，保留了母树的性状。山竹树生长缓慢，幼龄期很长，种植后需要12~15年才能开花结果，泰国的山竹树长出16对侧枝以后才会开花结果。但嫁接可以缩短幼龄期的发育。在印度尼西亚茂物西爪哇和西帕库等地的种植试验已经证明，嫁接树5年就可以开花结果。

　　山竹一般单花顶生，有时可见2~3朵花长在一起，仅有雌花，无单性雄花；花盛开时直径5~6.2厘米；花萼4片，2列，两个两个合在一起，呈黄绿色。边缘带红色；花瓣4个，倒卵形，大小不一，很厚，覆瓦状排列，尖端内卷或反卷，红色。花开后1~2天脱落；雄蕊10~23枚，一般16枚，基部分离或近合生，花药黄色；子房近球形，4~8室，花柱很宽厚，柱头4~8裂。浆果亚球形，直径3.5~7厘米，花萼宿存。山竹果实大小如柿，果形扁圆，壳厚硬呈深紫色，由4片果蒂盖顶，酷似柿样（图1-23）。果壳甚厚，不易损害果肉。果皮又硬又实，用筷子敲击会发出"梆梆"的声响，剥开果壳，可见七八瓣洁白晶莹的果肉，酷似大蒜瓣，相互围成一团（图1-24）。山竹果肉雪白嫩软，味清甜甘香，带微酸，性凉，润滑可口，解乏止渴，生发补身，为热带果树中珍品，有"果后"之称。山竹外果皮与内果皮特征有别，外果皮随果实的长大颜色逐渐变深，最后变为深绿色；最终整个果实会长到直径4~8厘米，而且坚硬的外果皮会变得软些，这时其种子已发育完全。当果实体积停止增大后，叶绿素合成减缓，另一色相开始显现。最初果实的外果皮色素为绿色，上有红色条纹，接着整体变为红色，最后变为暗紫色，此过程持续十多天，标志着果实完全成熟并可以食用。山竹可食用的内果皮在植物学中被称为假种皮，为白色，直径4～6厘米，由4～8瓣组成，为楔形，其中包含无融合生殖种子。在外果皮的内层存在一些突起的脊，是柱头残留的痕迹，呈轮状排列，与假种皮的瓣数相符。山竹的种子长约1厘米，扁平状，属于顽拗性种子，因此，在发芽之前要保持种子的湿润。其种子的胚为珠心胚，不需要经过受精。山竹的种子一脱离果实就可以发芽，在干燥条件下会迅速死亡。一个山竹果实中有多粒种子，其中只有一粒可以萌发。果皮厚0.6～1厘米，纤维质；未熟果实损伤时流出黄色汁液；成熟果实紫红色。果实内有种子0～4粒，一般1～2粒；褐色，粗糙，表面具纤维线条；发育良好的种子长2～2.5厘米，宽1.5～2厘米，厚0.7～1.2厘米；粒重0.1～2.2克，平均粒重19克。主根强健，深入土中，侧根少且弱小，少有根毛；移植伤根，不易成活。山竹结果季节在5～9月。

图1-23 山竹果形似柿，顶由4萼片覆盖（梁广勤提供）

图1-24　山竹的白色果肉（黄彬提供）

三、产地分布

1. 榴莲产地

　　榴莲的原产地有不同说法，有说原产于印度尼西亚，有说原产于马来西亚，也有说原产于文莱，还有认为原产于菲律宾。总之，榴莲原产于东南亚地区，生长地遍布东南亚。主要种植在泰国、马来西亚、印度尼西亚等地，其他种植榴莲的地方还包括柬埔寨、老挝、越南、缅甸、印度、斯里兰卡、西印度群岛、美国、巴布亚新几内亚、波利尼西亚群岛、马达加斯加、澳大利亚北部和新加坡等地。

　　据台湾省屏东的一位果农介绍，他的"榴莲柱果园"是唯一有上市产量的果园，他的果园在20世纪80年代前就已试种，从东南亚引进榴莲已有三四十年的历史。在海南省也有引种结果榴莲母树，由于我国冬季的气温较热带地区寒冷，因此，成为引种榴莲的严重障碍，未能成功大面积种植。

2. 山竹产地

山竹生于山地、丘陵阔叶林中，原产于印度尼西亚马鲁古群岛，也有称马来群岛中的巽他群岛和摩鹿加群岛为原产地。山竹在亚洲和非洲热带地区广泛栽培，马来西亚、泰国、菲律宾、缅甸栽培较多。

山竹在中国台湾、广西、广东、海南、福建和云南也有引种或栽培，台湾虽在20世纪初即开始引种试验，但由于气候条件和当地土壤环境限制都未能成功发展。因此，目前台湾尚未实际经济栽培。海南的文昌、琼海、万宁和保亭均有种植。

四、品种介绍

1. 榴莲品种

榴莲原产于东南亚。东南亚各国商业栽培的榴莲栽培种是选育自*Durio zibethinus*的野生品系（图1-25）。

（1）**泰国榴莲品种**。泰国榴莲有200个品种，但普遍种植的有60～80种。其中最著名的有以下3种。

轻型种：伊銮、胶伦通、春富诗、金枕头和差尼（青尼），4～5年后结果。

中型种：长柄、谷夜套，6～8年后结果。

重型种：甘邦和伊纳，8年后结果。它们每年结果1次，成熟时间先后相差1～2个月。

其中，人们比较熟悉的泰国品种如下：

① 金枕头（又称蒙通）。是很受欢迎的一种，肉多且甜，果肉呈金黄色，经常其中有一瓣比较大，称为"主肉"，因为气味不太浓，很适合初尝者"入门"吃这种又臭又香的水果。金枕头一年四季都可吃到，可是随季节价格不一，旺季时价格最便宜，也是最好吃的时候（图1-26）。

图1-25　榴莲果实商品（梁广勤提供）　　图1-26　泰国榴莲品种金枕头（梁广勤提供）

②差尼（与青尼同种）。以叶子小、个头小、肉多、核小、果肉深黄色为佳。

③长柄。因为此种榴莲的果柄比其他品种要长而得名，此品种柄长且圆，整颗榴莲也以圆形为主，果肉、果核也呈圆形，皮青绿色，刺多而密，果核大，果肉少但细腻而味浓。

④谷夜套。肉特别细腻且甜如蜜，核尖小，为"食家"所欢迎，为价格最高的一种榴莲。泰国榴莲的产地广阔，从中部暖武里府至东部罗勇府均有种植，巴真武里府的榴莲曾获得冠军。泰国南部榴莲较中部和东部的逊色，核大肉小，但因成熟较迟，在其他榴莲盛季过后，便"物以稀为贵"。

（2）马来西亚榴莲品种。在马来西亚，土生的榴莲品种在产量和果实品质方面表现出相当大的差异，产生这种差异是由于品种间交叉授粉和品种栽培历史较长所致，最普及的品种如下。

① D2。植株中等，直立，开花有规律，但产量低，对疫霉菌引起的茎溃疡病具有高抗性。果实一般结在较小的二级枝/三级枝上，果实中等至大，卵形或肾形，具尖刺，不易开裂，假种皮（果肉）厚，铜黄色，致密。每个小室有几个果包（大小不定），肉质极好。

② D10。植株中等，宽大树冠较开张，开花有规律，中等产量，对疫霉菌引起的茎溃疡病敏感。全树结果较一致，果实圆形至椭圆形，单果重1.0～1.7千克，储藏性能差，易开裂，果皮厚度中等，黄绿色，假种皮（果肉）厚，鲜黄色，味甜、坚果味。每个小室都有几个果包，肉质好。

③ D24。植株高大、健壮，树冠开张，呈宽金字塔形。开花有规律，产量高，每个产果季每棵可结100～150个果实，全树结果，下层枝结果较多。果实中等大小，重1.0～1.8千克，圆形至椭圆形，果皮厚，淡绿色。每室有1～4个排成单列的果包。假种皮（果肉）厚，淡黄色，质地致密，味甜、坚果味，略带苦味。对疫霉菌引起的茎溃疡病极其敏感。此品种常会出现生理失调，导致果实成熟不均。

④ D99。植株中等，分枝低，树冠松散，开花有规律，有年结果2次的趋向，每个产果季每棵产果高达100～130个。该品种对疫霉菌引起的茎溃疡病具有高耐性，又耐干旱，是优良的授粉无性系，与其他多数品系都有杂交亲和性。主要在下层枝上结果，果实小型至中等大小，近圆形，果顶稍凹，重1.0～1.5千克。易开裂露出薄果皮，每个小室有4个中等大小果包，假种皮厚，淡黄色，质地细密，微湿，味甜而香、坚果味。该品系为早熟品种。

⑤ D145。植株中等，对干旱极其敏感，结果无规律，但平均产量高。全树结果，果实中等大小，重1.3～1.5千克，圆形至椭圆形，果实易开裂，果皮中等厚度，暗绿色。每室有1～4个排成单列

的果包，假种皮中等厚度，鲜黄色，质地细密，微湿，味甜而香、坚果味，果肉品质好。对疫霉菌引起的茎溃疡病极其敏感。

⑥ MDUR78。由MARDI品系选育而成的杂交种，植株矮小，耐阴，常结果，产量高，对疫霉菌引起的茎溃疡病具有抗性。果实圆形，重1.5~1.8千克，果皮淡黄绿色，假种皮厚，果肉大，橘黄色，质地细密，味甜、坚果味，储藏性能好，常温货架寿命约为70小时。

⑦ MDUR79。由MARDI品系选育而成的杂交种，植株矮小，结果整齐，平均产量高，对疫霉菌引起的茎溃疡病具有抗性。果实卵圆形，重1.0~1.6千克，果皮暗绿色，假种皮厚，果肉大，橘黄色，质地细密，味甜、坚果味，果实易开裂。保存期短，仅27小时。

⑧ MDUR88。由MARDI品系选育而成的杂交种，植株中等，健壮，产量高，结果有规律，对疫霉菌引起的茎溃疡病具有中等抗性。果实圆形至椭圆形，重1.5~2.0千克，黄绿色果皮，假种皮厚，果肉大，金黄色，干爽，质地细密，味甜、坚果味。保存期相对较长，有78~86小时。

⑨ 猫山王。马来西亚的榴莲品种中，有一种被消费者称为猫山王的品种，果圆形，型小，味香，颇受欢迎（图1-27、图1-28）。

⑩ 其他。除了最有名的猫山王之外，马来西亚至少还有十几种榴莲，名字千奇百怪，如小红、葫芦、红虾等。马来西亚的榴莲品种中，在槟城有民间俗称的蜈蚣榴莲和松鼠榴莲。蜈蚣榴莲个小，香味不及猫山王浓烈，但比较清甜（图1-29）；松鼠榴莲核小，肉较黏稠，有股浓烈香味，为松鼠喜食，故得名松鼠榴莲（图1-30）。

图1-27 马来西亚猫山王榴莲树上的果实（黄彬提供）

图1-28 收获的马来西亚猫山王榴莲
（黄彬提供）

图1-29 马来西亚蜈蚣榴莲（温志良提供）

24

榴莲山竹
生产与病虫害防治 | Production and Pests Control of
Durio zibethinus and *Garcinia mangostana*

图1-30 马来西亚松鼠榴莲（温志良提供）

（3）文莱榴莲品种。文莱榴莲品种除了通过品种鉴定的本地品系Durio graveolens、Durio testudinarium、Durio oxleyanus、Durio kutejensis、Durio dulcis和Durian suluk (probably D. zibethinus × D. graveolens hybrid)等外，还有一些是从马来西亚和泰国引进的外来品系。

① Durio graveolens Becc。当地也称作durian kuning或durian otak udanggalah，是最普及的异质品系，果皮为鲜绿至黄色、褐色，甚至红色等，果肉颜色由深红色至白色，种子颜色为浅棕色至黑色等，果实有烤杏仁香味，极甜，干酪味。另一个相似品种是durian simpor，其假种皮具亮浅黄色，类似于普及品系Dillenia suffruc-tosa花瓣的颜色，味适中甜美。D. graveolens品系的主要品种有BD2、BD4、BD7和BD40。

② Durio testudinarium Becc。一般称作durian kura-kura，簇生花序在接近地面处开放，因为花序聚生和花序排列不同，该品系可能自花授粉，因此，果实很少变异。果实卵形，幼果淡绿色，成熟果实棕黄色，锐刺稀疏，假种皮淡黄色。味香浓甜美，种子大。

③ Durio oxleyanus Griffith。植株通常高大，但开花和结果比D. graveolens和D. zibethinus迟，果实始终为绿色，具密集尖刺，假种皮颜色呈玉米黄，光滑，味香浓甜美，与D. zibethinus相似，主要品种有BD30。

④ Durio kutejensis Becc。当地也称作durian pulu或durian nyekak(Sarawak)，至果季结束仍有开花，花大，深红色花冠包在花托内，有浓烈香味，果实小。幼果淡绿色，成熟果实暗黄色。刺柔软，假种皮稍厚，香味适中，甜，凝脂状，干爽光滑，假种皮紧包着咖啡色种子。主要品种有BD26和BD73。

⑤ Durio dulcis。也称作durian maragang，比较稀少，主要长于丛林深处。8月产果，果实非常诱人。果脊鲜红色且带有黑色小

刺，假种皮厚，有松脂味，但味甜且柔滑，内含亮黑色种子。

⑥ Durian suluk。据称是一个杂交种，其假种皮具有*D. zibethinus*的平滑、甜美、凝脂状和令人愉快香味。树叶、花和果实的形态特征介于*D. zibethinus*和*D. graveolens*之间，树叶稍大。特别适宜在排水良好的河边冲积土中生长。

（4）印尼榴莲品种。印尼主要有17个商业栽培品种，优质品种主要表现在果实颜色、外观（刺较大、卵形、果梗短）、高产、果肉厚，种子小而粗糙，果肉纤维干爽、平滑，紫黄色，风味好，假种皮甜中略带苦味。据估计，印尼的榴莲品种有上百种，从泰国引进的品种为Chanee和Monthong。

① Durian sunan。果实卵形，果小，绿褐色果皮，刺稀疏，果皮薄，易开裂，重1.5～2.5千克，有5个小室，内含20～35个果包，种子扁平，假种皮奶白色，每棵树年产200～800个果实。

② Durian sukun。果实长圆形，果皮淡黄色，刺小而密，果皮厚，易开裂，重2.5～3.0千克，成熟树年产100～300个果实。

③ Durian sitokong。果实长圆形，果皮绿黄色，刺小而密，果皮中等厚度，不易开裂，每个果重2.0～2.5千克，有5～7个小室，20～30个果包，果肉黄色，每棵树年产50～200个果实。

④ Durian simas。果实椭圆形，果皮呈黄红色，刺密集，果皮很厚，不易开裂，每个果重1.5～2.0千克，有5～7个小室，20～30个果包，果肉鲜黄色，每棵树每季产50～150个果实。

⑤ Durian petruk。果实卵形，绿黄色果皮，刺小而密集，不易开裂，每个果重1.0～1.5千克，有5个小室，内含5～10个果包，果肉淡黄色，每棵树年产50～150个果实。

⑥ 其他。Otong(Monthong)、Kani(Chanee)、Sihijau、Sijapang、Sawerigading、Lalong、Tmalatea、Siriweg、Bokor、Perwira dan Nglumut。

（5）菲律宾榴莲品种。菲律宾的商业栽培品种如下：

① DES806。果实椭圆形，重2～4千克，成熟时呈黄绿色，假种皮黄色，黏性，甜，略带苦味。

② DES916。果实通常为椭圆形，重2～4千克，成熟时呈褐绿色，果肉黄白色，甜而黏。

③ Umali。由泰国引入的实生苗Los Banos培育而成，果实一般为圆形至长圆形，重2～3千克，黄褐色，果肉金黄色，甜。

④ CA3266。由印度尼西亚引进的品种，果实圆形，重1.5～2.5千克，成熟时呈黄绿色，果肉浅黄色，甜。

⑤ 其他。Chanee和Monthong。

2. 山竹品种

山竹为藤黄属的热带常绿乔木植物（图1-31），该属在世界上约有150个种，中国有21种，包括多花山竹子(*G. multiflora*)、海南山竹子(*G. oblongifolia*)、云南山竹子(*G. cowa*)、人面果(*G. tinctoria*)、单花山竹子(*G. digantha*)和大叶藤黄(*G. xanthochymus*)等。在广州华南植物园内种植山竹类植物有大叶藤黄、油山竹(*Garcinia tonkinensis*)、菲岛福木(*Garcinia subelliptica*)、金丝李(*Garcinia paucinervis*)、多花山竹子等，均与在市场上见到的山竹(*Garcinia mangostana L.*)不同，是山竹这个品种的同属植物。

山竹有油竹、花竹和沙竹。油竹：果皮油亮，呈均匀黑紫色；花竹：果把带红色、果面带红带黑，果皮有红有黑，但没有光泽；沙竹：果皮表面不光滑，果面呈淡黑色。从商品的卖相看，沙竹最差，但沙竹味道最优。

图1-31 泰国山竹（黄彬提供）

Production and Pests Control of
Durio zibethinus and *Garcinia mangostana*

第二章　　生产技术

一、生长发育和繁殖

（一）生长发育

1. 榴莲的生长发育

　　榴莲从花期到果实的形成到成熟至收获，经历将近5个月的时间。在榴莲的生长发育过程中，自花形成的第5天开始，经过25天的发育，犹如小圆锤一样密密麻麻的花蕾挂满树干；花发育至44天时花开鼎盛，花色蜡黄，花就像组成裙子的花边十分美丽和壮观；发育至64天，开始结果，小果形成，悬挂于树干上；花后81天所结的果开始进入膨大期；果实发育至123天时接近成熟。至此，榴莲完成生长发育全过程。榴莲整个生长过程需要100多天的时间（图2-1、图2-2）。

图2-1　发育膨大中的泰国榴莲（黄彬提供）

图2-2　处于膨大期的泰国榴莲（黄彬提供）

2. 山竹的生长发育

山竹果实含种子数粒，其种子有个特点就是一脱离果实就可以发芽。山竹成树后其所结的果实，在没有成熟前是青色的，当成熟时果实变成粉红色或紫红色，间有黄褐色斑块，光滑（图2-3～图2-8）。山竹在斯里兰卡的低纬度区，采收期为5～6月，高海拔地区为7～8月或8～9月；在印度有2个果熟期，为7～10月和4～6月；在泰国结果季节一般为5～9月；在我国海南果熟期为6～7月。从开花到结果收获，通常经历将近3个月的时间。

图2-3　山竹花谢后小果形成（黄彬提供）

图2-4　泰国山竹小果形成（黄彬提供）

图2-5 处于膨大期的山竹果实（黄彬提供）

图2-6 膨大发育中的山竹果实（黄彬提供）

图2-7　山竹果实开始进入成熟阶段（陈英才提供）

图2-8　泰国山竹树上的成熟果实（陈英才提供）

（二）繁殖技术

1. 榴莲的繁殖

榴莲可以通过种子繁殖，全年都可进行播种育苗，但以春季最好。播种株行距以20厘米×20厘米为宜。在幼苗生长期，应注意除草，并结合施肥，以促进幼苗生长。苗高30～40厘米时可定植，株行距3米×5米为宜，施入有机肥、土杂肥和适量石灰作基肥。全年均可定植，以带土种植为最佳。

优良母株可用空中压条繁殖，极易生根，从圈枝至成苗，只需60～70天。榴莲的繁殖常用种子进行，但榴莲遗传变异性大，每只核都可能长出不同品质的果实，劣等榴莲也可育出非常优秀的品种。同样，好的榴莲也可能育出劣质品种，有的实生榴莲树会终生不挂果。为了培育优良品种，保证品种纯，早结丰产，多采用无性嫁接繁殖来培育榴莲。其无性繁殖方法如下。

（1）芽接。除了单子叶和一些形成层不规则的植物，几乎所有双子叶的木本植物都可以芽接繁殖。砧木铅笔般大小，在砧木茎部离土10厘米处，由上而下割两道宽0.7厘米、长3～4厘米切缝，在两道切缝的顶端平切一刀，将皮拉起，长短与芽片相吻合。切口下端留下少许已切开的皮以托住芽片。获取芽片的过程与砧木切缝拉皮方法相同，接上后，用1厘米宽的塑胶薄膜带扎紧。嫁接口最好在两天内不接触雨水。

应注意，其他果树芽接法可将芽体完全包扎，唯有榴莲例外，因为芽片上的芽体容易脱落。2周后就可知是否成活。成活后，在砧木上端离接芽约30厘米处剪断以刺激芽眼快速生长。日后，砧木会长出很多的小枝，而这些砧木小枝不可完全除掉，必须留下1～2枝以帮助接芽吸收养分，但是所留的砧木枝条，不可让其生长过盛，必要时可将其修剪以免阻碍接芽的成长。

（2）**劈接**。种子萌芽尚未开叶或者未成木质前的幼苗最宜作砧木。在砧木离地6～7厘米处将其平剪，在剪后平坦的砧木桩中间往下直切约1厘米深成V形的口；获取与砧木桩直径相当且有2～3个芽的枝梢作接穗，长8～10厘米，将叶片剪去3/4，把接穗下端扁削成楔形，插入砧木桩切缝处，用薄膜带扎紧。事后用透明塑料袋将整棵树苗套住以防接穗水分被蒸发而干枯，置于阴凉之处2～3周后，如接穗的叶片不脱落时，即告成功。

（3）**靠接**。只适宜少量的繁殖，种在塑胶袋内的秧苗6～7个月大就可供作砧木，所用的接穗其枝梢大小尽量与砧术的大小相当，最理想的是用直立的营养枝。

（4）**扦插**。用约15厘米长的枝梢，直径如筷子般大小，枝条上要有数片叶子及芽体，每片叶需剪去2/3，以减少水分的蒸发。枝梢向下的一端斜削或从下而上叉剪1厘米，涂上生根剂促其生根，然后插入潮湿的沙杯中，置于光照弱的温室里，浇水，经7～8周后如果叶片不会脱落，幼根生长，便可移植于塑胶袋内。

（5）**枝梢腹接**。砧木大小均可，只要它已长成木质，皮层易于剥开，插梢处高低自选，切口过程与芽接相似。选取长10厘米、尚未开叶、未成木质的壮嫩枝梢作接穗，接穗斜削长度比砧木切口稍短些，插入砧木切口，用塑胶带绑住，再以透明塑胶纸包紧，置于阴凉处。2周后剪开胶纸，但胶带切勿解开，直到枝梢长成为止。

（6）**空中压条**。进行空中压条没有季节性，选比铅笔粗大一点的枝条，从尾端算起在约40厘米处环剥长约3厘米，剥皮后需用刀背削去切口处的形成层，否则切口皮层会复元而不生根。在切口处包上一团潮湿的泥土，鸭蛋大小。用塑料纸包捆3层，两头绑紧，约经过3个月新根生长后便可剪离母体。将塑胶纸割开，植于黑色的果苗塑料袋，置于阴凉处，1～2个月后便可移植。由于此法成活率低，繁殖榴莲时很少采用。

2. 山竹的繁殖

山竹的繁殖主要是通过播种，但由于其种子是单性的，所以山竹用种子的繁殖方法，亦为无性繁殖，在四季都可以进行移栽。山竹的种子一旦脱离果实就可以发芽，但果实中的种子如果处于干燥环境下会迅速死亡而失去发芽能力。在一个山竹果实中，尽管有多粒种子，但种子萌发率很低，只有其中的一粒可以萌发。

山竹除了用种子繁殖之外，还可以应用扦插法、嫁接法、压条法、分株法繁殖。种子繁殖的山竹，7～12年开始结果，而嫁接的树，经过6年的生长可以结果。

在广州，用山竹做接穗，以山竹同属（藤黄属）的植物包括大叶藤黄、油山竹和岭南山竹子等作为砧木嫁接，采用劈接方法，将用作砧木的植株茎平剪，然后劈出V形的开口，将有发芽活力的山竹接穗削成楔状，插入砧木的V形开口中，然后用嫁接带包扎或套上嫁接带并绑扎。经过约1个月的培养时间，成活的接穗将会发出山竹嫩叶（图2-9）。虽然广州地处北回归线地带，主要是亚热带气候，不及湛江和茂名的平均温度高，嫁接成活的山竹苗可以成活并成长，但是否适应本地区的气候条件从而生长和开花结果，这仅仅是一种发展山竹业的探索。

图2-9　劈接山竹苗（杜志坚提供）

二、适宜温湿度和土壤条件

（一）榴莲的宜栽条件

榴莲属于热带作物，一般情况下，热带作物对热量条件要求较高，要求年绝对低温多年平均值0℃以上、全年基本无霜冻、≥10℃积温7 000～7 500℃。榴莲的物候学特征要求生长所在地日平均温度需22℃以上、无霜冻，中国海南省和云南省的部分地区应该可以发展。因为榴莲要有终年高温的气候才能生长结实，即使在赤道地区，海拔600米以上的高地，由于气温较海拔低的地区要低，达不到榴莲发育所需的温度要求，因此，也不能在该地种植榴莲，或即使种活成株也不可能结果。榴莲在年降水量1 000毫米以上地区才能正常生长。

榴莲结果树每年要重点施肥3次，即春季抽蕾肥、夏季果实膨大肥和采果前肥，尤其是施好果实膨大肥。

（二）山竹的宜栽条件

山竹是典型的热带雨林型果树，在25～35℃、相对湿度80%的环境下可以生长旺盛，20～25℃的温度范围也能满足山竹生长的基本要求。但是，当温度降到20℃以下时，山竹生长会受到明显的抑制；当温度长期低于5℃或相对湿度低于40%时，不利于山竹的生长发育，甚至会引起植株的死亡。山竹需要生长在4℃以上的环境中，否则植株无法成活。山竹对土壤的适应性广，适宜生长在黏性的土壤；如果生长在土壤中含有较为丰富的有机物并且pH在5～6.5的沙壤更为适合。山竹要求排水条件较好，因为山竹快速生长时对水分的需求量较大，热带地区年降水量在1 300～2 500毫米就能满足其旺盛生长；年内降水量分布的均匀程度也会影响山竹的生长速率，一般均匀分布的降水量更有利于山竹的快速生长。山竹早期生长需要弱光环境，荫蔽度在40%～75%的环境条件下最适宜山竹的生长。直接光照对山竹早期的生长不利，山竹的叶片，特别是新抽生的叶片，容易受强光照射而灼伤。山竹树寿命长达70年之久，但生长缓慢，从栽培到结果需要7～8年的时间，果实成熟期在5～10月，以8～10月时果实产量较高。

Production and Pests Control of
Durio zibethinus and *Garcinia mangostana*

第三章　　病虫害及其防治

一、主要病虫害

（一）虫害

1. 棉蚜 *Aphis gossypil* clover

曾用名：油龙、旱虫、腻虫、油虫、宜汗、蜜虫

（1）寄主。以棉花和瓜类为主，其他有木棉、黄豆、马铃薯、木槿、花椒、石榴、鼠李、夏至草等，泰国报道为害榴莲。

（2）形态特征。无翅胎生雌蚜体长1.5～1.9毫米，夏至大多黄绿或黄色，春秋季大多深绿色、黑色或棕色，全体被蜡粉。触角仅第5节端部有1个感觉圈。腹管短，圆筒形，基部较宽。尾片青色，呈乳头状。

有翅胎生雌蚜体长1.2～1.9毫米，体黄色，浅绿或深绿色。前胸背板黑色，腹部两侧有3～4对黑斑。触角比体短，第3节上有成排的感觉圈5～8个。腹管黑色，圆筒形，基部较宽，上有瓦彻纹。尾片同无翅胎生雌蚜（图3-1）。

（3）地理分布。分布于北纬60°至南纬40°的世界各地，包括中国和泰国。

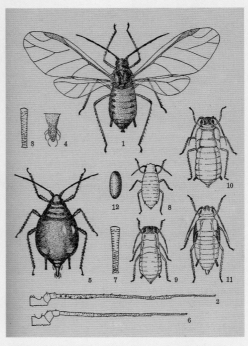

图3-1　棉蚜及其形态特征（引自《农业昆虫图册》，1964）

1～4：有翅胎生雌蚜成虫 1.全图 2.触角 3.腹管 4.尾片
5～7：无翅胎生雌蚜成虫 5.全图 6.触角 7.腹管
8～11：有翅胎生雌蚜若虫 8.第1龄 9.第2龄 10.第3龄 11.第4龄 12.卵

2. 橘蚜 Toxoptera aurantli (Boyer de Fonscolombe)

曾用名：橘二叉蚜、茶二叉蚜、茶蚜、油蚜

（1）**寄主。**茶树、油茶、柑橘、咖啡、可可、柳、榕等，泰国报道为害榴莲。

（2）**形态特征。**无翅胎生雌蚜成虫体长约1.6毫米，黑褐色；触角暗黄色，各界端部黑色，第3节长于第4节，第4节又长于第5节；尾片浓绿近黑色，约有刚毛12根。有翅胎生雌蚜触角第3节有5～7个圆形感觉圈，排成一行；翅透明，前翅中脉二分叉；腹部背面两侧各有4个黑斑，腹管黑色，长于尾片，短于触角第4节。无翅胎生雌蚜胸腹部背面有网纹（图3-2）。

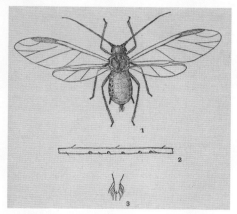

图3-2　橘蚜形态特征（引自《农业昆虫图册》，1964）
1.有翅胎生雌蚜成虫　2.有翅胎生雌蚜成虫，触角第3节　3.尾片

卵长约0.6毫米，宽约0.24毫米，长椭圆形，一端略小，黑色且具光泽。

（3）**为害。**主要为害植株的新梢嫩叶，吸取汁液，受害嫩叶的叶色发黄，其排泄物诱发煤污病，影响植株生长发育。

（4）**地理分布。**中国（产茶地区）、斯里兰卡、印度、泰国、日本、俄罗斯以及东非地区等。

3.甘蔗簇粉蚧 *Exallomochlus hispidus* (Morrison) comb.

异名：*Pesuococcus hispidus* Morrison，*P. jacobsoni* Green，*Enum hispidum*(Morrison)，*Pesuococcus dorsospinosus* Wirjati，*Cataenococcus hispidus*(Morri)，*Paraputo hispidus* (Morrison)

（1）寄主。山竹、榴莲。

（2）形态特征。雌成虫体型略呈宽卵圆形，长1.15～2.55毫米，体宽0.95～2.15毫米。臀叶很发达。触角长为300～400微米，通常有7～8节。足甚发达，粗壮，后足转节与腿节长之和200～260微米，后足胫节和跗节之和长170～210微米，后足胫节与跗节长度比为1.21～1.62。触角具半透明孔。唇长120～160微米。肛环长65～90微米，宽50～80微米，具鬃6根，各鬃长70～100微米。三角蜡孔18对。触角蜡孔与肛叶蜡孔相似。

背面具粗鬃，三叶孔清晰。腹面通常具鬃。

2龄雌虫触角长约240微米，7节。后足转节与腿节长之和约160微米，后足胫节与跗节长之和150微米，爪粗，长30微米，唇长110微米，环状。宽约70微米，三角蜡孔18对（图3-3～图3-5）。

（3）地理分布。印度尼西亚、马来西亚、菲律宾、新加坡、泰国和越南等。

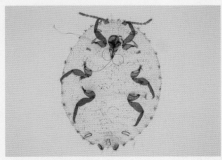

图3-3　甘蔗簇粉蚧雌成虫（标本采自马来西亚山竹，梁帆提供）

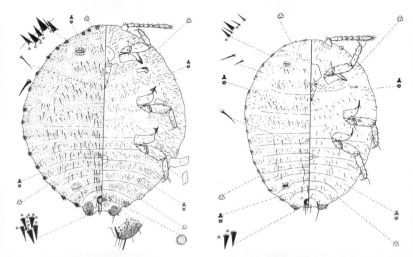

图3-4 甘蔗簇粉蚧 (雌成虫)(引自D.J.Williams)　　　图3-5 甘蔗簇粉蚧 (2龄雌虫)(引自D.J.Williams)

4. 南洋臀纹粉蚧 *Planococcus lilacinus* Cockerell

曾用名：紫苏粉蚧

异名：*Dactylopius coffeae*，*D. crotonis*，*Planococcus citri*，*P. crotonis*，*P. deceptor*，*P. tayabanus*，*Pseudococcus coffeae*，*P. lilacinus*，*P. tayabanus*，*Tylococcus mauritiensis*

英文名：Coffee mealybug, Oriental cacao mealybug

（1）寄主。柑橘属（酸橙、柚、柠檬、柑橘、橘）、芒果、人心果、榴莲、番石榴、荔枝、龙眼、椰子、菠萝蜜、石榴、蒲桃、杨桃、番荔枝属、槟榔属、椰子、蒲桃属、咖啡、可可、台湾相思、花生、羊蹄甲、烟草、茄等。

（2）形态特征。雌成虫卵形，长1.3～2.5微米，宽0.8～1.8微米。触角8节，眼在其后。足粗大，后足基节和胫节有许多透明孔。腹脐大而有节间褶。背孔2对。内缘硬化，孔瓣有孔20～22个，毛3～8根。肛环近背末，有成列环孔和6根长环毛，尾瓣略突，腹面有硬化棒。端毛长于环毛。刺孔群18对，各有2根锥刺，7～12个三格腺，但末对则有20个三格腺及3根附毛，且有浅硬化片。三格腺均匀分布背、腹面。多格腺仅在腹面。体背无管腺，腹面管腺较少，在体缘成群，在4～7腹节中区、亚中区呈单横列，少数在其他体面，特别是足基节附近。体毛细长，背面较粗。腹部各刺孔群旁常有1根小刺（图3-6、图3-7）。

（3）为害。可为害叶片、嫩枝、幼芽及果实等部位。

（4）地理分布。马来西亚、缅甸、日本、印度、印度尼西亚、越南、泰国以及中国台湾等30多个国家和地区。

蚧体　　　　　　　　　　　　为害状
图3-6　南洋臀纹粉蚧（吴佳教提供）

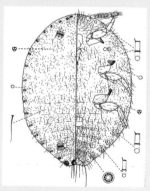

图3-7　南洋臀纹粉蚧形态特征（引自D. J. Williams）

5. 截获秀粉蚧 Paracoccus interceptus Lit

别称：摩氏奥粉蚧

异名：*Allococcus morrisoni* Ezzat & McConnell,1956；*Planococcus morrisoni* (Ezzat & McConnell),1986

英文名：intercepted mealybug

（1）寄主。已知有18个科，包括漆树科(Anacardiaceae)、番荔枝科(Annonaceaea)、萝摩科(Asclepiadaceae)、木棉科(Bombacaceae)、藤黄科(Clusiaceae)、豆科(Fabaceae)、马钱科(Loganiaceae)、楝科(Meliaceae)、野牡丹科(Melsatomaaceaet)、桑科(Moraceae)、桃金娘科(Myrtaceae)、兰科(Orchidaceae)、胡椒科(Piperaceae)、禾本科(Poaceae)、茜草科(Rubiaceae)、芸香科(Rutaceae)、无患子科(Sapindaceae)、姜科(Zingiberaceae)。其中，经济作物包括荔枝(*Litchi chinensis*)、龙眼(*Dimocarpus longan*)、山竹(*Garcinia mangostana*)、番石榴(*Psidium guajava*)、龙贡(*Lansium domesticum*)、红毛丹(*Nephelium lappaceum*)、石斛(*Dendrobium* sp.)、西班牙青柠(*Melicoccus bijugatus*)、莱檬(*Citrus aurantifolia*)和芒果(*Mangifera indica*)等。

（2）形态特征。雌成虫体长椭圆形，体背具白色粉状物，长约1.4毫米，宽约0.85毫米。雌成虫触角8节，眼在其后，近头缘。刺孔群18对，每个刺孔群2根锥刺，有时胸部刺孔群锥刺1～2根，头部锥刺减至1根。足细长，后足基节明显大于前足基节，后足基节和胫节具透明孔。腹脐有节间线横过。背孔2对，发达。具硬化棒，肛环毛6根。多孔腺分布腹部腹面1～8节，第8节全部分布，第6～7节后缘3排，第7节前缘约2排，第6节前缘约1排，第4～5节后缘2排，第5节前缘两侧分布，中区缺，第4节前缘未见，第1～3节零星分布几个；胸腹面多孔腺，分布前胸亚边缘区，中后胸零星分布；头部未见多孔腺。管腺分布于腹面，在腹部1～7节边缘成群，第4～8节上成单列排列，在腹部1～3节和胸部腹面零星分布，前足基节外侧有1群管腺，其中分布少数多孔腺。头部未见。

蕈腺分布于头、胸、腹部（1～6节）背面的边缘、亚边缘、亚中区。尾瓣稍显，腹面有硬化棒，端毛长于肛环毛。背毛短、硬，一般不超过15微米，腹毛细长（图3-8、图3-9）。

（3）为害。植物全株。

（4）地理分布。主要分布在菲律宾、泰国、越南、柬埔寨、马来西亚、印度尼西亚、文莱、印度、斯里兰卡等东南亚国家并已经入侵非洲。

目前我国尚未见该虫的分布报道。

图3-8 截获秀粉蚧
（陈展册提供）

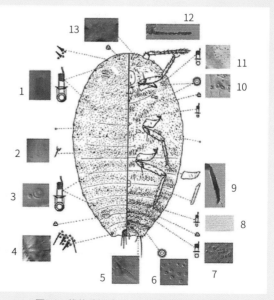

图3-9 截获秀粉蚧形态特征（陈展册提供）
1、3.蕈腺 2.背毛 4.未对刺孔群 5.硬化棒 6、10.多孔腺 7.大管腺 8.小管腺 9.后足胫节橘透明孔 11.前足基节外侧管腺成群 12.触角 13.头部腹毛

（5）截获情况。美国口岸多次从东南亚国家的水果上截获截获秀粉蚧，来源地包括印度、印度尼西亚、马来西亚、菲律宾、越南，寄主包括龙眼、石斛、红毛丹、龙贡、番石榴、番荔枝、荔枝、山竹、榴莲等。英国口岸也从进境泰国水果中检出截获秀粉蚧。中国广西口岸于2015年5月从进口泰国榴莲上截获该虫，而后又在越南入境人员携带的山竹上截获该虫。截获情况见表3-1。

表 3-1　截获秀粉蚧国内外部分截获情况

年份	输入国家	输入口岸	输出国家	寄主植物
2015	中国	广西	泰国	榴莲（*Durio zibethinus*）
2015	中国	广西	越南	山竹（*Garcinia mangostana*）
1997	美国	旧金山	泰国	粗蔓球兰（*Hoya pachyclada*）
1996	美国	纽约	越南	红毛丹（*Nephelium lappaceum*）
1994	美国	纽约	柬埔寨	龙眼（*Dimocarpus longan*）
1993	美国	夏威夷	泰国	榴莲（*Durio zibethinus*）
1993	美国	洛杉矶	马来西亚	新乌檀（*Neonauclea* sp.）
1989	美国	洛杉矶	马来西亚	龙贡（*Lansium domesticum*）
1988	美国	西雅图	印度尼西亚	红毛丹（*Nephelium lappaceum*）
1985	美国	洛杉矶	菲律宾	番石榴（*Psidium guajava*）
1981	美国	洛杉矶	泰国	荔枝（*Litchi sinensis*）
1981	美国	西雅图	泰国	甜槟榔青（*Spondias dulcie*）
1980	美国	阿拉斯加	菲律宾	龙贡（*Lansium domesticum*）
1970	美国	洛杉矶	马来西亚	野牡丹（*Melastoma* sp.）
1956	美国	纽约	越南	山竹（*Garcinia mangostana*）
1954	美国	西雅图	菲律宾	番荔枝（*Annona chermola*）
1948	美国	霍博肯	印度	石斛（*Dendrobium* sp.）
1995	英国		泰国	红毛丹（*Nephelium lappaceum*）
1986	英国		泰国	山竹（*Garcinia mangostana*）

6. 李比利氏灰粉蚧 *Dysmicoccus lepelleyi* (Betrem)

异名：*Criniticoccus Palmae* Lit

英文名：Le Pelley mealybug

（1）寄主。该粉蚧寄主植物已发现的共15科30余种，主要有山竹、芒果、椰子、红毛丹、香蕉、咖啡、槟榔、番荔枝、菠萝蜜、番石榴、豆蔻、油椰、血龙树、无花果、可可、椰色果、荔枝等。

（2）形态特征。雌虫体呈平滑的宽卵形，体长约2毫米，宽约1.7毫米。臀瓣发育适中，臀瓣具有1个大的骨化区，其上着生1根65～110微米的臀毛。触角8节，长320～390微米。足发育正常，后足基节的前、后部、腿节和胫节的后部具透明孔，有时后足转节的后部也有；后足腿节+腿节长为220～270微米，胫节+跗节长为34～37微米，爪冠毛呈球形；后足胫节+跗节与转节+腿节之比为0.83～0.92，胫节与跗节之比为1.33～1.85。下唇长140～150微米；其长度与唇基上唇盾相等。腹脐宽105～140微米，被腹膜分开，具凹陷。肛环长约85微米，宽约80微米，着生6根肛环毛，每根长100～115微米。肛环离腹末有一小段距离。背孔发育良好，内缘呈唇状骨化，每一唇状骨片上着生数根短毛和数个三格腺。刺孔群17对，大多数刺孔群着生在轻度骨化的骨片上。臀瓣刺孔群包括1对长约35微米、基部直径约10微米的锥刺，3～7根长于锥刺的附毛和大量三格腺。锥刺、附毛和三格腺均着生在骨化区面积与肛环相等或稍大的骨片上。其余刺孔群具4～6根（极少数为3根）大小不一的锥刺（通常具2根较大的锥刺），1～2根稍长于锥刺的附毛，单腹部和胸部刺孔群有时无附毛。

背面具细长的背毛，其长度变化较大，但腹部第6、7节总有一些背毛长达100～115微米，前部的背毛长度为15～40微米。北部无多格腺，三格腺均匀、散布于背面；单孔腺极小，分布较稀。管腺明显，开口处直径为三格腺的2倍，在大多数体节边缘呈单个分布。

　　腹面具细长纤毛，体缘还具数根锥刺。多格腺直径约10微米，在第6、第7节后缘中区呈单列；阴门后方也有数个；有时第4、第5跗节后缘中区也有，呈单列分布。三格腺均匀分布。单孔腺小，位于近体缘，稀疏散生。管腺数量和大小变化较大，大者与背管腺相同，通常呈单个着生于第7腹节体缘；中者常位于体缘和头部，触角基部有或无，头顶无毛；小者开口处窄于三格腺，位于第6、第7腹节中区或无（图3-10、图3-11）。

图3-10　李比利氏灰粉蚧(引自焦懿)

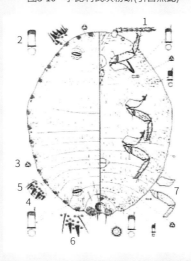

图3-11　李比利氏灰粉蚧形态特征(引自焦懿)
1.触角　2.管腺　3.三格腺　4.刺孔群　5.附毛　6.臀部刺孔瓣　7.透明孔

（3）为害。在叶片、嫩枝及果实表面为害，蚧虫的分泌物诱发蚂蚁寄食。

（4）地理分布。印度尼西亚、柬埔寨、马来西亚、菲律宾、泰国、越南等东南亚国家。

（5）截获情况。美国、俄罗斯等国曾多次从柬埔寨、印度尼西亚、马来西亚、菲律宾、新加坡、泰国、越南等国家进口的山竹、红毛丹、香蕉、荔枝等植物上截获该虫。中国也多次从印度尼西亚、马来西亚和泰国进口的山竹截获了该虫。

截获情况如表3-2所示。

表3-2　李比利氏灰粉蚧的国内外截获情况

年份	输入国家	输入口岸	输出国家	寄主植物
1972	美国	纽约	泰国	荔枝 (*L. chinensis*)
1973	美国	夏威夷	马来西亚	血龙树 (*Dracaena* sp.)
1978	俄罗斯	海参崴	越南	香蕉 (*Musa* sp.)
1980	美国	纽约	泰国	山竹 (*G. mangostana*)
1981	美国	纽约、洛杉矶	印度尼西亚	红毛丹 (*N. lappaceum*)
1986	美国	火奴鲁鲁	菲律宾	椰色果 (*L. domesticum*)
1987	美国	洛杉矶	印度尼西亚	山竹 (*G. mangostana*)
1990	美国	安克雷奇	新加坡	山竹 (*G. mangostana*)
1993	美国	洛杉矶	柬埔寨	山竹 (*G. mangostana*)
1994	美国	洛杉矶	泰国	山竹 (*G. mangostana*)
1994	美国	洛杉矶	越南	红毛丹 (*N. lappaceum*)
1996	美国	旧金山	印度尼西亚	香蕉 (*Musa* sp.)
1996	美国	洛杉矶	菲律宾	山竹 (*G. mangostana*)
2008	中国	深圳	印度尼西亚	山竹 (*G. mangostana*)
2009	中国	深圳	泰国	山竹 (*G. mangostana*)
2009	中国	深圳	马来西亚	山竹 (*G. mangostana*)

7. 气生根粉蚧 *Pseudococcus baliteus* Lit

英文名：aerial root mealybug

（1）寄主。气生根粉蚧目前已报道的寄主植物为9个科共15种，即：榴莲（*Durio zibethinus*）、山竹（*Garcinia mangostana*）、菠萝蜜（*Artocarpus odo-ratissimus*）、番石榴（*Psidium guajava*）、莲雾（*Syzygium samarangense*）、橙（*Citrus sinensis*）、龙眼（*Dimocarpus longan*）、荔枝（*Litchi chinensis*）、红毛丹（*Nephelium lappaceum*）、桃榄（*Pouteria annamensis*）、椰色果（*Lansium domesticum*）、印度橡树（*Ficus elastica*）、红树（*Osbornia octodonta*）、锥头麻（*Poikilospermum suaveolens*）、龙血树（*Dracaena* spp.）等。

（2）形态特征。气生根粉蚧雌虫体呈平滑宽卵形，体被白色蜡粉，最大标本长为3.55毫米，宽为2.4毫米。臀瓣发育适中，腹面具1根长为180～230微米的端毛，1个三角形到正方形的骨化区及1根110～135微米的细毛。触角8节，长420～570微米。足细，发育良好，后足转节+腿节长为320～400微米，胫节+跗节长为340～460微米；爪钝，长度为30～35微米。后足胫节+跗

图3-12　气生根粉蚧在榴莲果上的为害状（引自焦懿）

榴莲山竹
生产与病虫害防治 | Production and Pests Control of
Durio zibethinus and *Garcinia mangostana*

节与转节+腿节长度比例为1.06～1.16；胫节与跗节长度比例为2.40～3.00。后足基节的前、后部，腿节和胫节后部表面具透明孔。下唇长160～180微米，略短于唇基上唇盾。腹脐发育良好，宽135～250微米，被节间膜分开。背孔存在，其内部唇状构造边缘轻度骨化，每一唇状构造具数个三格腺，偶尔具毛。肛环长110～120微米，宽约105微米，其上着生6根刚环毛，每根长140～205微米。刺孔群17对，臀瓣刺孔群具2根基部长25～30微米，宽约10微米的锥刺、3～4根附毛和35～60个三格腺，均着生于卵圆形的骨化区上。骨化区略小于肛环。倒数第二对刺孔群（C17）具2根锥刺、2～3根附毛和10～12个三格腺，着生于直径为35～45微米的轻微骨化区上。除额对刺孔群（C1）、眼后对刺孔群（C4）具3根锥刺以及眼对刺孔群（C3）通常具4根锥刺外，其余刺孔群的锥刺与C17相似。大多数刺孔群具10～20个三格腺和2～4根附毛。

背面具长而细的背毛，多数背毛的长度为50～80微米，同时伴有一些长约10微米的短毛，最长的背毛位于腹部第7节，长约95微米。多格腺无。三格腺相当多，均匀分布。单孔腺小于三格腺，散生。蕈腺长约18微米，并具直径约10微米的硬化框，环绕体侧缘分布，额对刺孔群后面有1对；胸部刺孔群后面有一些；腹部第2～3节或第2～5节数量变化较大；有时腹部第5、第6背中线处有1个；前胸亚缘线处偶尔会有；中胸和后胸或中胸和第一腹节常有；第3、4腹节有时也有分布；在一些标本中，蕈腺总数多达24个。管开口处较三格腺窄，有时具极细的硬化框，呈单个分布于胸部和腹部前面数节的刺孔群之间；有时在臀瓣和倒数第2对刺孔群之间也有1个。

腹面具正常的腹毛。肛后前毛长约90微米，肛后后毛长约115微米。多格腺直径约7.5微米，大量分布于腹部中区及阴门后方；在第5～7腹节散生，后缘或多或少呈双列；在第4腹节呈单列；胸部也有多格腺，散生。三格腺分布均匀。单孔腺与背面相同，散生。蕈腺较背面小，长约15微米，硬化框的直径约7.5微米，呈单个出现在各节气门的后侧。管腺具3种类型：大者开口处与三格腺大小一致或稍宽，围绕肛环至触角基部体缘大量分布；中者开口处略窄于三格腺，分布于第5、第6腹节中部，在各节的大管腺内侧也有分布；小者位于各体节的中部（图3-13）。

（3）为害。气生根粉蚧主要对水果及林木造成较大为害，该虫在寄主植物上大量寄生、取食，导致寄主植物营养不良，生长缓慢。果实受害后感观和品质下降，严重时甚至失去商品价值（图3-12）。

（4）地理分布。已知该虫目前分布于缅甸、印度尼西亚、印度、柬埔寨、菲律宾、新加坡、泰国和越南。

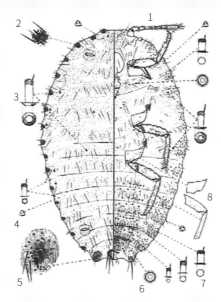

图3-13　气生根粉蚧的形态特征（引自焦懿）

1.触角　2.刺孔群　3.蕈腺　4.三格腺　5.臀部刺孔群　6.多格腺　7.管腺　8.透明孔

（5）截获情况。美国、印度等国家曾多次从泰国、菲律宾、越南、新加坡等国家进口的山竹、榴莲、荔枝等植物上截获该虫，中国深圳从进口泰国榴莲上截获到该虫。

截获情况如表3-3所示。

表 3-3　气生根粉蚧的国内外截获情况

年份	输入国家	输入口岸	输出国家	寄主植物
1944	美国	纽约	菲律宾	橙 (*Citrus sinesis*)
1961	印度		缅甸	山竹 (*Garcinia mangostana*)
1968	印度	孟买	泰国	山竹 (*Garcinia mangostana*)
1972	美国	西雅图	菲律宾	椰色果 (*Lansium domesticum*)
1981	美国	纽约	菲律宾	山竹 (*Garcinia mangostana*)
1984	美国	洛杉矶	印度尼西亚	荔枝 (*Litchi chinensis*)
1987	美国	布莱恩	泰国	山竹 (*Garcinia mangostana*)
1988	美国	西雅图	泰国	红毛丹 (*Nephelium lappaceum*)
1990	美国	芝加哥	新加坡	荔枝 (*Litchi chinensis*)
1995	美国	纽约	柬埔寨	山竹 (*Garcinia mangostana*)
1998	美国	洛杉矶	越南	山竹 (*Garcinia mangostana*)
2009	中国	深圳	泰国	榴莲 (*Durio zibethinus*)

8. 杰克贝尔氏粉蚧 *Pseudococcus jackbeardsleyi* Gimpel et Miller

异名：*Pseudococcus elisae* Borchsenius

英文名：Jack Beardsley mealybug

（1）寄主。寄主植物多达40余科200余种，主要寄主植物有榴莲(*Durio zibethinus*)、芒果(*Mangifera indica*)、莲雾(*Syzygium Samarangense*)、番荔枝(*Annona* spp.)、番石榴(*Psidium guajava*)、红毛丹(*Nephelium lappaceum*)、南瓜(*Cucurbita moschata*)、咖啡(*Coffea arabica*)、可可(*Theobroma cacao*)等多种水果、蔬菜、林木及粮食作物。

（2）形态特征。雌虫体呈宽卵形。触角8节。足发育良好，后足基节无透明孔，腿节和胫节后部表面有大量透明孔。腹眼边缘骨化，其上着生大约6个单孔腺。刺孔群17对，头部刺孔群具3～5根锥刺；臀瓣刺孔群具2根钝圆的锥刺和大量三格腺，锥刺和三格腺着生于骨化区上；其余刺孔群具2根小于臀瓣刺孔群的锥刺(C7通常为3根)，2～3根附毛和1群三格腺，锥刺、附毛和三格腺均着生于膜质区(C17有时会着生于弱的骨化区上)（图3-14）。

背面具短硬毛，多数长度在8～20微米，第8腹节背毛长约25微米。三格腺分布均匀。蕈腺着生于额刺孔群后部，胸部的亚缘和亚中区，腹部亚中区及腹部中线附近，总数通常为14～27个；每个蕈腺的蕈体附近具1～2根短毛和1～2个单孔腺。在臀瓣和倒数第2对刺孔群之间体缘还常有数个口径与三格腺相近或稍宽的管腺。

腹面常有细长的纤毛。多格腺分布于腹部腹面阴门后方，第5～7腹节后缘中区排成单或双横列，第4腹节及第5～7腹节前缘也有少量分布。蕈腺与背部相似，分布于胸部和腹部，每侧大约6个。管腺具3种类型：大者与背面相同，无窄的缘片，散布在臀瓣至触角基部之间的体缘，管口附近有时有1个单孔腺；中者分布于第3～8腹节多格腺前方；小者数量较少，分布于腹部各节中区，胸部中区稀有分布。

（3）为害。该虫在寄主植物上大量寄生、取食，导致寄主植物营养不良，生长缓慢。果实受害后感观和品质下降，严重时甚至失去商品价值(图3-15)。杰克贝尔氏粉蚧取食寄主植物时，体内会分泌蜜露，这些分泌物为真菌提供了充足的营养，受该虫为害的寄主植物，表面常有大量霉菌繁殖，从而加重寄主植物的受害程度。

（4）地理分布。杰克贝尔氏粉蚧分布较广，主要分布于加罗林群岛、夏威夷群岛、加拿大、美国、墨西哥、文莱、泰国、印度尼

西亚、马尔代夫、菲律宾、马来西亚、新加坡、越南、中国台湾、
阿鲁巴、巴哈马、伯利兹、巴西、巴巴多斯、哥伦比亚、哥斯达黎
加、古巴、多米尼加、加拉帕戈斯群岛、危地马拉、洪都拉斯、
海地、牙买加、马提尼克岛、巴拿马、波多黎各与维克斯岛、萨尔
瓦多、特立尼达和多巴哥、委内瑞拉、美属维尔京群岛等国家或地
区。

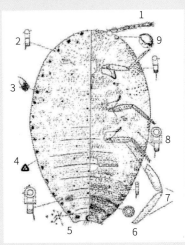

图3-14　杰克贝尔氏粉蚧（引自焦懿）
1.触角　2.管腺　3.刺孔群　4.三格腺　5.背毛　6.多格腺　7.透明孔　8.蕈腺　9.眼部单孔腺

图3-15　杰克贝尔氏粉蚧（引自焦懿）

（5）截获情况。杰克贝尔氏粉蚧是一种重要的有害生物，美国、英国等国家曾多次从泰国、菲律宾、越南等国家进口的番荔枝、石斛、辣木等植物上截获该虫。中国也多次从进口泰国榴莲上截获该虫。

截获情况如表3-4所示。

表3-4　杰克贝尔氏粉蚧的国内外截获情况

年份	输入国家	输入口岸	输出国家	寄主植物
1975	美国	夏威夷	菲律宾	辣木 (*Moringa oleifera*)
1987	美国	华盛顿	泰国	仙人掌科 (*Cactaceae*)
1987	美国	纽约	泰国	兜兰 (*Paphiopedilum* sp.)
1988	美国	西雅图	泰国	石斛 (*Dendrobium* sp.)
1994	美国	洛杉矶	泰国	生姜 (*Gingiber officinale*)
1994	美国	洛杉矶	越南	番荔枝 (*Annona squamosa*)
1995	美国	洛杉矶	越南	大戟属 (*Euphorbia* sp.)
1990	英国		泰国	红毛丹 (*Nephelium lappaceum*)
2009	中国	深圳	泰国	莲雾 (*Syzygium samarangense*)
2010	中国	深圳	泰国	榴莲 (*Durio zibethinus*)

9. 蓝绿象 *Hypomeces squamosus* Fabricius

异名：绿绒象甲、绿鳞象甲、大绿象虫

（1）寄主。柑橘类植物，桃、番石榴、桑、大叶桉、茶、橡胶、榕和榴莲等。

（2）形态特征。身体肥大而略扁，体壁黑色，密被均一的金光闪闪的蓝绿色鳞片（同一鳞片，因角度不同而显示为蓝或绿色），鳞片间散布银灰色长柔毛（♂）或鳞毛状（♀），鳞片表面往往附着黄色粉末。有的个体，其鳞片为灰色、珍珠色、褐色或暗铜色，个别个体的鳞片为蓝色。

头、喙背面扁平，中间有一宽而深的中沟，长达头顶，两侧各有两条或弯或直的浅沟；触角短而粗，柄节长达眼中部，索节2

榴莲山竹
生产与病虫害防治 | Production and Pests Control of
Durio zibethinus and *Garcinia mangostana*

长于1，索节3略短于1，索节4～7，长宽相等，棒长卵形，端部尖；眼十分突出。前胸基部最宽，基部二凹形，端部窄得多，截断形，两侧几乎直，后角尖，前角在眼后突出成一短而尖的刺，背面中间洼，中沟宽而深，两侧附近有种种不规则的洼。小盾片三角形。鞘翅基部中间波状，肩部最宽，宽于前胸基部，向后逐渐缩窄，肩钝圆，略斜，端部几乎不裂开，每一鞘翅端部缩成上下两个锐突，上面的较大，行纹刻点大而深，刻点前端各有短毛一根，行间宽而扁（图3-16）。

图3-16 蓝绿象成虫

（3）为害。食性复杂，可为害16科24种植物。为害林木植物，在马来西亚为害甘蔗幼苗，在泰国为害榴莲。

（4）地理分布。中国、越南、柬埔寨、泰国、缅甸、马来西亚、印度次大陆、印度尼西亚、菲律宾。

10. 茶材小蠹 *Xyleborus fornicatus* Eichhoff

（1）寄主。茶树、橡胶、蓖麻等，在泰国为害榴莲。

（2）形态特征。额部极平，额中部有大片光亮区，光亮区中没有刻点和茸毛。前胸背板表面弓曲平浅，颗瘤退化，茸毛稀少。鞘翅背面观轮廓呈舌形；侧面观斜面占翅长的3/4。该种与阔面材小蠹 *X. validus* Eichhoff和坡面材小蠹 *X. interjectus* Blandford均甚相似，但本种体长较短，前胸背板后阔前狭，呈盾形，不呈方形，可以区别。雄虫与坡面材小蠹相似，但本种体小，体表较光亮，前胸背板与鞘翅的茸毛短小、稀少，可以与坡面材小蠹的雄虫区别。

（3）地理分布。泰国及东南亚地区、巴拿马、非洲、印度、巴布亚新几内亚、澳大利亚、夏威夷及中国等。

11. 榴莲卷叶蛾 *Archips machlopis* Meyrick

异名：*Cacoecia machlopis* Meyrick

（1）寄主。红毛丹、荔枝、榴莲、龙贡。

（2）形态特征。本种为卷叶蛾科 *Archips* 属的种类。雄成虫展翅长13～15毫米，雌虫展翅17～19毫米（图3-17、图3-18）。翅脉分布如图3-19。前翅亚前缘脉Sc长约为翅长的1/3，径脉R_1分脉，径脉R_2分脉，和径脉R_3分脉，这3脉近直且平行，径脉R_4分脉，和径脉R_5分脉，这2径分脉的基部相连，中脉M_1分脉和M_2分脉直，M_3分脉和前肘脉第1分支CuA_1脉呈拱形，且与前肘脉第2分支CuA_2平行，直达末端，后基肘脉CuP位于边缘。第1臀脉加第2臀脉1A+2A完整。后翅亚前缘脉加径脉第1径分脉$Sc+R_1$为翅长的2/3，组合径分脉Rs与中脉1分支M_1基部相连，中脉2分支M_2和3分支M_3脉于翅缘分开，肘前脉第1分支CuA_1和第2分支CuA_2在基部连接，后基肘脉CuP长度为翅长的1/2，具第1臀脉加第2臀脉和1A+2A和第3臀脉3A。

图3-17 榴莲卷叶雌蛾（引自Hiroshi K.）

图3-18 榴莲卷叶雄蛾（引自Hiroshi K.）

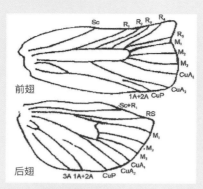

图3-19　榴莲卷叶蛾的翅面脉序（引自Kumar P.）

（3）为害。寄主叶片，在泰国为害榴莲。

（4）地理分布。巴基斯坦、尼泊尔、泰国、中国、越南、缅甸。

12. 榴莲豹纹蛀果蛾 *Conogethes punctiferalis* (Guene′e)

（1）寄主。高粱、玉米、粟、向日葵、蓖麻、姜、棉花、桃、柿、核桃、板栗、无花果、松等。泰国报道为害红毛丹、龙贡、榴莲、石榴、蓖麻。

（2）形态特征。成虫：体长12毫米，翅展22～25毫米，黄至橙黄色，体、翅表面具许多黑斑点，似豹纹，胸背有7个；腹背第1和3～6节各有3个横列，第7节有时只有1个，第2、第8节无黑点，前翅25～28个，后翅15～16个，雄虫第9节末端黑色，雌虫不明显（图3-20）。

卵：椭圆形，长0.6毫米，宽0.4毫米，表面粗糙布细微圆点，初乳白色后渐变橘黄、红褐色。

幼虫：体长22毫米，体色多变，有淡褐、浅灰、浅灰蓝、暗红等色，腹面多为淡绿色。头暗褐，前胸背板褐色，臀板灰褐，各体节毛片明显，灰褐至黑褐色，背面的毛片较大，第1～8腹节气门以上各具6个，成2横列，前4后2。气门椭圆形，围气门片黑褐色突起。腹足趾钩不规则的3序环。

    蛹：长13毫米，初淡黄绿后变褐色，臀棘细长，末端有曲刺6根。

    茧：长椭圆形，灰白色。

    （3）为害。蛀果。

    （4）地理分布。中国、俄罗斯、朝鲜和泰国。

图3-20　榴莲豹纹蛀果蛾（引自Hiroshi K.）

13. 柑橘潜叶蛾 *Phyllocnistis citrella* Stainton Phyllocnisdae

    （1）寄主。柚、柑橘和其他柑橘类果树，潜叶和潜食幼芽。

    （2）形态特征。成虫：小型蛾类，体长2毫米，翅展5.3毫米，体及前翅均银白色。前翅披针形，翅基部有2条褐色纵纹，约为翅长之半，翅中部又具2黑纹，形成Y形，翅尖缘毛形成1黑色圆斑。后翅银白色，针叶形，缘毛极长（图3-21～图3-23）。

图3-21　柑橘潜叶蛾成虫（引自Hiroshi K.）

图3-22　柑橘潜叶蛾为害状（引自Hiroshi K.）

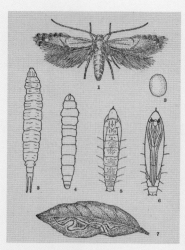

图3-23　柑橘潜叶蛾生活史（引自《农业昆虫图册》，1964）
1.成虫　2.卵　3.幼虫　4.预蛹　5.蛹背面观　6.蛹腹面观　7.被害叶

卵：椭圆形，长约0.3毫米，白色透明。

幼虫：老熟幼虫体长4毫米，体扁平椭圆形，黄绿色。头部尖，胸腹部每节背面在背中线两侧有4个凹孔，排列整齐。足退化，腹部末端尖细，具1对细长的突起。

预蛹：体长3.5毫米，长筒形。中后胸较大，腹部第3～7节两侧均有肉质刺状突起。

蛹：体长2.8毫米，纺锤形，初化蛹淡黄色，后渐变黄褐色。腹部可见7节，第1～6节两侧各有瘤状突，各生1根长刚毛；末节后缘每侧有明显肉质刺1个。

（3）地理分布。中国（长江以南）、泰国。

14. 棉铃虫 *Hellothis armigera* (Hubner)

曾用名：石榴棉铃虫、钻心虫、青虫、棉跳虫

异名：*Hellothis obsolete* Fab

（1）寄主。棉花、玉米、烟草、番茄、辣椒、小麦、豌豆、苜蓿、向日葵等。泰国报道为害榴莲叶和花。

（2）形态特征。成虫：体长15～17毫米，翅展27～38毫米，有黄褐、灰黄、赤褐等色。前翅多暗黄色或灰黄色，内横线不明显，中横线波纹状，肾状纹和环状纹暗褐色，外横线和芽外缘线亦波纹状，外缘有7个小黑点；后翅淡灰黄色，外缘有1宽大黑色斑。

卵：半球形，直径0.5毫米，初产时淡绿色或乳白色，后逐渐变褐或深褐色，表面有纵横凸脊构成格状。

幼虫：老熟幼虫体长40～45毫米，各界有毛片12个，线纹明显。体色变化有4个类型：①淡红色，背线、亚背线淡褐色，气门线白色，刚毛瘤黑色；②黄白色，背线、亚背线浅绿色、亚背线淡绿色，气门线白色，刚毛瘤与体同色；③淡绿色，背线、亚背线同色，但不明显，气门线白色，刚毛瘤与体色相同；④绿色，背线、亚背线深绿色，气门线淡黄色。

蛹：体长17～20毫米，纺锤形。初为浅灰绿色、褐绿色或褐色；近羽化时为深褐色，腹部褐黑色。腹部第5～7节各节前缘密布环状刻点，尾端具臀棘2个（图3-24）。

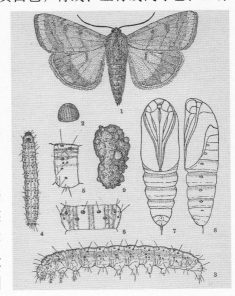

图3-24 棉铃虫生活史（引自《农业昆虫图册》，1964）

1.成虫　2.卵　3.成长幼虫侧面观　4.未成长幼虫背面观　5.幼虫二第腹节侧面观　6.幼虫二第腹节背面观　7.雄蛹腹面观　8.蛹侧面观　9.土茧

（3）地理分布。中国（多个棉区）、泰国。

15. 榴莲蛀果夜蛾 *Mudaria luteileprosa* Holloway

曾用名：榴莲种子蛀蛾

（1）寄主。泰国报道榴莲。

（2）形态特征。末龄幼虫体长30～40毫米，头部淡红褐色；体色淡红褐，背线色暗；气门黑色；前足暗褐色；于泰国当地5～7月在土中作茧化蛹，茧的大小约25毫米×18毫米由碎土组成，淡红褐色。成虫形态特征如图。成虫羽化期不稳定，实验室观察，羽化可从7月直到翌年的3月（图3-25～图3-32）。

（3）为害。蛀食果实和果实种子。

（4）地理分布。泰国有报道。

根据泰国在Chaantaburi省3个地区榴莲收获季节调查统计，该虫对榴莲果的为害率如表3-5所示。

表 3-5　　榴莲果受蛀果夜蛾为害调查统计

时间	调查榴莲果数（个）	虫害果数（个）	虫害率（%）
2005 年 4 月	333	93	27.93
2005 年 5 月	1 037	733	70.68
2005 年 6 月	866	489	56.47
2006 年 4 月	1 250	432	34.56
2006 年 5 月	1 250	330	26.4
2006 年 6 月	1 250	384	30.72

图3-25　榴莲蛀果夜蛾成虫（引自Hiroshi K.）

图3-26 果实表面受害状（引自Angoon L.）

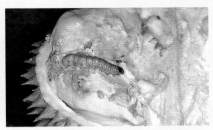

图3-27 幼虫在果内为害状（引自Hiroshi K.）

图3-28 幼虫（引自Hiroshi K.）

图3-29 幼虫为害果肉状（引自Angoon L.）

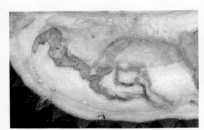

图3-30 幼虫为害果实状（引自Hiroshi K.）

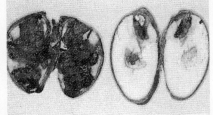

图3-31 幼虫为害种子状（引自Hiroshi K.）

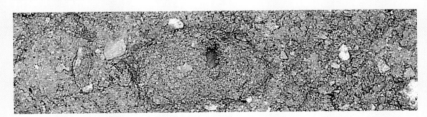

图3-32 榴莲蛀果夜蛾幼虫结茧（引自Hiroshi K.）

16. 榴莲古幕蛾 *Orgyia turbata* Butiar

（1）寄主。芒果、榴莲。

（2）形态特征。如图3-33。

图3-33　榴莲古幕蛾（引自Hiroshi K.）

（3）为害。为害叶片。

（4）地理分布。泰国有报道。

17. 榴莲蛀果螟蛾 *Tirathaba ruptilinea* Walker

（1）寄主。红毛丹、榴莲。

（2）形态特征。如图3-34。

（3）为害。幼虫为害果实，在果面刺基之间吐丝结网，并在其中取食果皮（图3-34～图3-36）。

（4）地理分布。泰国有报道。

图3-34　榴莲蛀果螟蛾为害状（仿Hiroshi K.）

图3-35　蛀果螟蛾雄成虫（仿Hiroshi K.）

图3-36　蛀果螟蛾雌成虫（仿Hiroshi K.）

18. 茶黄蓟马 *Scirtothrips dorsalis* Hood

异名：辣椒蓟马

（1）寄主。茶、葡萄、芒果、草莓、花生等。

（2）形态特征。雌虫体长约0.9毫米。体橙黄色。触角暗于体色，但第3～5节基部常淡。复眼暗红色。前翅亦橙黄色，近基部似有1小淡色区。腹部背片第2～8节有暗前脊，但第3～7节仅两侧存在；中部约1/3暗棕色。头宽为长的2倍，短于前胸，前缘两触角间延伸，后大半部有细横纹；头两颊在复眼后收缩；头鬃均短小，前单眼之前有鬃2对，其1对在正前方，另1对在两侧；单眼间鬃位于两后单眼前内侧的3个单眼内缘连线之内。触角8节，第3、

榴莲山竹
生产与病虫害防治　Production and Pests Control of
Durio zibethinus and *Garcinia mangostana*

第4节感觉锥叉状。下颚须3节。前胸宽大于长，背片布满细密的横纹，后缘有鬃4对，自内第2对鬃最长；接近前缘有鬃1对。前翅窄，前缘鬃24根，前脉鬃基部4+3根，其中中部1根，端部2根，后脉鬃2根。腹部第2～8节背片两侧1/3有密排微毛，第8节后缘梳完整。腹片亦有微毛占据该节全部宽度，第4～7节前缘有深色脊，第2～7节长鬃（即初生鬃），出自后缘，无附属鬃（即次生鬃）（图3-37）。

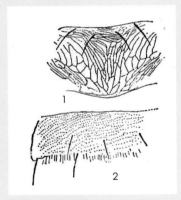

图3-37　茶黄蓟马特征（引自邓国藩）
1.后胸背片（示花纹及鬃）　2.腹部第五节背片（示微毛及鬃）

（3）为害。泰国报道为害榴莲花部，本种对寄主主要为害新梢和叶片。

（4）地理分布。中国（台湾、华南地区、西南地区）、日本、印度、巴基斯坦、马来西亚、印度尼西亚、泰国和澳大利亚等国家。

19. 色蓟马 *Thrips coloratus* Schmutz

曾用名：日本蓟马

异名：*Thrips japonnicus* Bagnall

（1）寄主。水稻、枇杷、苦瓜、茶花、桂花、百日花、竹等，泰国报道为害榴莲。

（2）形态特征。雌虫体长1.1～1.2毫米。体橙黄色。腹部背片中央灰棕色，末2节黑棕色，连成一条暗纵带。触角第1～3节及第4、第5节基部黄色，其余部分灰棕色。前翅灰黄色，基部淡。头宽大于长，短于前胸。前单眼前鬃1对，位于复眼前内方；单眼间鬃长于前单眼前鬃，近似于后单眼后鬃，位于前单眼后鬃的3个单眼的外缘连线之外，后单眼后鬃2对，复眼后鬃4对。触角7节。第3、第4节有叉状感觉锥。下颚须3节。前胸后角有2对长鬃，前角有短鬃1对，后缘有短鬃4对。前翅前缘鬃26根，前脉基部鬃4+3，端鬃3根（其1根在中部），后脉鬃12根，后缘缨毛波曲。中胸腹片内叉骨有长刺，后胸的无刺。各足跗节1节。腹部背片第2～8节有暗棕色前脊带，第5～8节有微弯梳，后缘梳完整，仅两侧缺，梳毛较长，第10节长于第9节，纵裂完全。腹片第2～8节有6对附属鬃，大体规则地排成一横列。

雄虫一般形态与体色相似于雌虫，但体型较小，腹部暗斑大，第7～10节全暗黑棕色。触角第4～7节全部灰棕色。第9节背片后缘1侧对鬃很长，其余鬃小。腹片第3～7节前中部有近似哑铃形腺域。

（3）地理分布。中国（江南部分地区）、日本、朝鲜和泰国等国家。

20. 黄胸蓟马 *Thrips hawaiiensis*（Morgan）

（1）寄主。油茶、油菜、豆类等。泰国报道为害榴莲。

（2）形态特征。雌虫体长1.2毫米。体淡至暗棕色，通常胸部淡，橙黄或淡棕色，触角棕色，但第3、第4节及第5节基部黄色。前翅灰棕色，或基部淡。足色淡于体色，尤其是胫、跗节。头宽大于长，略微短于前胸；头部布满横交接线纹，两颊略外隆。前单眼略前的复眼内侧有短而细鬃1对；单眼间鬃为头顶最长鬃，位于后单眼之前的3个单眼中心在线之外；单眼后鬃6对。触角7节，第3、第4节上感觉锥叉状。下颚须3节。前胸略宽于头，背片布满交接横纹和鬃，前角有端鬃1对，后角有2对粗长鬃，期间和后缘共有短鬃4对，最内的1对长于其他鬃。中胸腹片内叉骨刺长，后胸的无刺。前翅瘦尖，但基部宽；翅鬃暗而较长，前缘鬃28根，前缘鬃基部4+3，端鬃3根，后脉鬃15根。后足胫节内缘有一排约15根鬃，跗节1节。腹部背片第5~8节两侧有微弯梳，第8节后缘梳在两侧退化，梳毛而短。腹片第3~5节各有附属鬃7对，第6、第7节仅有6对（图3-38）。

（3）地理分布。中国（江淮地区以南）、日本、朝鲜、斯里兰卡、印度、印度尼西亚、菲律宾、泰国、巴布亚新几内亚、夏威夷、英国、澳大利亚等国家和地区。

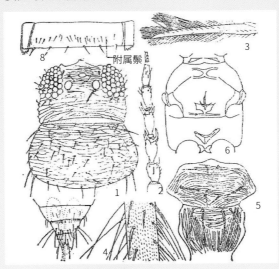

图3-38 黄胸蓟马特征（引自邓国藩）

1.头和前胸 2.触角 3.前翅 4.前翅（放大） 5.中、后胸盾片 6.中、后胸腹片内叉骨
7.雌虫腹部末端 8.腹部腹片之一节（示附属鬃）

21. 咖啡小爪螨 Oligonychus coffeae (Nietner)

（1）寄主。茶、蒲桃、咖啡、芒果、鳄梨、柑橘、黄麻、棉花、橡胶、葡萄、漆树、山茶、樟树、桑、油棕等，泰国记载为害山竹。

（2）形态特征。雌螨体长364微米，含喙432微米，体宽286微米。椭圆形，紫红色，足及颚体洋红色，背毛白色。

须肢端感器顶端略呈方形，其长宽略等；背感器小枝状，与端感器几乎等长。口针鞘前端中央有凹陷。气门沟末端膨大。背表皮纹纤细，前足体纵向，后半体第1、第2对背中毛之间为横向，第3对背中毛之间稍呈V形。背毛较粗壮，末端尖细，具茸毛，共26根，其长超过横列间距。肛侧毛1对。生殖盖表皮纹横向，生殖盖前区表皮纹纵向。足1跗节爪间突的腹基侧具5对针状毛。足1跗节2对双毛毗连；双毛近基侧有3根触毛和1根感毛；胫节有7根触毛和1根感毛。足2跗节双毛近基侧有3根触毛和1根感毛，另1触毛在双毛近旁；胫节有5根触毛。足3、足4跗节各有8根触毛和1根感毛；胫节各有5根触毛。

雄螨体长313微米，含喙369微米，体宽163微米。须肢端感器锥形，其长大于宽。背感器小枝状，与端感器近于等长。足1跗节双毛近基侧有3根鞭毛；胫节有7根鞭毛和4根感毛。足2跗节双毛近基侧有3根触毛和1根感毛，另1触毛在双毛近旁；胫节有5根根感毛足3和4跗节各有8根触毛和1根感毛；胫节各有5根触毛。阳具末端与柄部呈直角弯向腹面，弯曲部分较宽阔，向端侧逐渐收窄，顶端圆钝（图3-39）。

（3）为害。主要为害叶片。

（4）地理分布。中国（江西、台湾、福建、广东、广西、云南）、菲律宾、泰国、斯里兰卡、印度、印度尼西亚、巴基斯坦、澳大利亚、美国以及中东、非洲等。

图3-39　咖啡小爪螨［引自《中国经济昆虫志》（第二十三册），1981］
1.雌螨须肢跗节　2.雄螨须肢跗节　3.阳具　4.雌螨足1跗节和胫节　5.雌螨足2跗节和胫节
6.雄螨足1跗节和胫节　7.雄螨足2跗节和胫节

22. 比哈小爪螨 *Oligonychus biharensis* (Hirst)

（1）寄主。枇杷、菠萝蜜、荔枝、番石榴、沙梨、蒲桃、龙眼、可可、棉花、月季、羊蹄甲、相思树(*Acacia confuse* Merr.)、番樱桃属(*Eugenia*)、大戟属(*Euphorbia*)、鳄梨属(*Persea*)等。国外记载还为害芒果、樟、槟榔、榴莲等。

（2）形态特征。雌螨体长444微米，含喙514微米，体宽319微米。宽椭圆形，暗红色，体侧有大型黑斑，足及颚体色稍浅。

须肢端感器柱形，顶端稍尖，其长约2.5倍于宽，背感器小轴状，其长约为端感器的1/2。须肢胫节爪顶端具凹陷。口针鞘前端圆钝，中央无凹陷。气门沟末端呈U形弯曲。

背表皮纹纤细，前足体纵向，后半体横向。背毛细长，具茸毛，共26根，其长超过横列间距。肛侧毛1对。生殖盖表皮纹横向，生殖盖前区为纵向。

足1跗节爪间突的腹基侧具3对针状毛。足1跗节双毛近基侧有4根触毛和1根感毛，端侧双毛的腹面有2根触毛，胫节有9根触毛和1根感毛。足2跗节双毛近基侧有1根感毛，胫节具7根感毛。足3和足4跗节各有10根触毛和1根感毛。足3胫节有6根触毛，足4胫节有7根触毛。

雄螨体长306微米，含喙392微米，体宽193微米。红色。须肢端感器细长，其长均为宽的4倍；背感器约为端感器的1/3。足1跗节双毛近基侧有4根触毛和3根感毛；胫节有9根触毛和4根感毛。足2跗节双毛近基侧有3根触毛和1根感毛；胫节有7根触毛。足3和足4跗节及胫节的毛数同雌螨。阳具末端弯向背面，形成与柄部横轴平行的端锤，其后突起长而尖细，弯向腹面；前突起形成尖角（图3-40）。

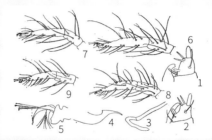

图3-40 比哈小爪螨〔引自《中国经济昆虫志》（第二十三册），1981〕
1.雌螨须肢跗节 2.雄螨须肢跗节 3.气门沟 4.阳具 5.雌螨足2跗节端部 6.雌螨足1跗节和胫节
7.雌螨足2跗节和胫节 8.雄螨足1跗节和胫节 9.雄螨足2跗节和胫节

（3）为害。为热带和亚热带果树害螨，主要为害叶片。

（4）地理分布。中国（江西、四川、台湾、广东、广西）、菲律宾、日本、马来西亚、泰国、印度、美国、巴西和墨西哥。

23. 斐济叶螨 Teranychus fijiensis (Hirst)

（1）寄主。椰子、柚子、油棕；在泰国为害榴莲。

（2）形态特征。雌螨体长（含喙）532微米，体宽313微米。椭圆形，红色。须肢端感器柱形，其长度略大于宽，顶端圆钝；背感器梭形，与端感器等长。口针鞘前端圆钝，中央无凹陷。气门沟末端呈U形弯曲。

后半体第3对背中毛之间和内骶毛之间的表皮纹纵向，它们之间的区域呈横向，组成菱形图形。背毛正常。肛侧毛1对。

　　各足跗节爪间突裂开为2对针状毛，腹面的1对其长约为背面长的2倍；在针状毛的背面具有1个粗壮的背距，约为复测针状毛长的1/2。足1跗节2对双毛彼此分离，双毛近基侧有4根触毛和1根感毛；胫节有9根触毛和1根感毛。足2跗节双毛近基侧有2根触毛和1根感毛，另1根触毛在双毛近旁，胫节有7根触毛。足3、足4跗节各有10根触毛和1根感毛；足3胫节有6根触毛，足4胫节有7根触毛。

　　雄螨体长（含喙）363微米，体宽167微米。须肢端感器长约为宽的2.5倍；背感器约与端感器等长。各足跗节爪间突异于雌螨，其2对针状毛等长，粗壮的背距为其针状毛长的1/3。足1跗节双毛近基侧仅有3根感毛；胫节有9根触毛和4根感毛。足2跗节双毛近基侧有2根触毛和1根感毛，另1触毛在双毛近旁；胫节有7根触毛。足3、足4跗节和胫节的毛数同雌螨。阳具细长，针状，呈弧形弯向背面（图3-41）。

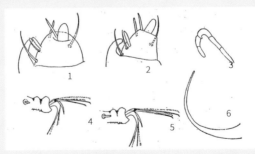

图3-41　斐济叶螨 [引自《中国经济昆虫志》（第二十三册），1981]
1.雌螨须肢跗节　2.雄螨须肢跗节　3.气门沟　4.雌螨足1跗节爪和爪间突　5.雄螨足1跗节爪和爪间突
6.阳具

　　（3）为害。主要为害叶片。

　　（4）地理分布。中国（海南）、印度、泰国、斐济、菲律宾。

24. 非洲大蜗牛 *Achatina fulica* (Bowdich)

　　曾用名：褐纹玛瑙螺，俗名菜螺、花螺、东风螺和法国螺异名：*Helix (Cochlitoma) fulica* Ferussac、*H. mauritiana* Lamarck、*Achatina couroupa* Lesson、*A. fulica* Tryon

英文名：African giant snail

(1) **寄主**。为害各种农作物，包括蔬菜、芭蕉、芋头、甘薯、南瓜、黄瓜、西瓜、番木瓜、仙人掌、龙葵、苦楝树、木棉、榕树、百部、番石榴、玉米、甘蔗等，泰国报道该螺为害榴莲。

(2) **形态特征**。成螺背壳大型，壳质稍厚，有光泽，呈长卵圆形。壳高130毫米、宽54毫米，螺层为6.5～8个，螺旋部呈圆锥形。体螺层膨大，其高度约为壳高的3/4。壳顶尖，缝合线深。壳面为黄色或深黄底色，带有焦褐色雾状花纹。胚壳一般呈玉白色。其他个螺层有断续的棕色条纹。生长线粗而明显，壳内为淡紫色或蓝白色，体螺层上的螺纹不明显，中部各螺层的螺层与生长线交错。壳口呈卵圆形，口缘简单、完整。外唇薄而锋利，易碎。内唇贴缩于体螺层上，形成S形蓝白色的胼胝部，轴缘外折，无脐孔。足部肌肉发达，背面呈暗棕色，遮面呈灰黄色，其黏液无色。

卵：椭圆形，色泽乳白或淡青黄色，外壳石灰质，长4.5～7毫米，宽4～5毫米。

幼螺：刚孵化的螺为2.5个螺层，各螺层增长缓慢，壳面为黄色或浅黄底色，似成螺。其鉴定特征为有壳，外形呈长卵圆形。螺层为6.5～8个，壳面有焦褐色雾状花纹，壳口呈卵圆形，背壳可容纳整个足部。生殖系统不具有腐熟器官。肾状较长，常为心围膜长的2～3倍。肺静脉无分枝（图3-42、图3-43）。

(3) **地理分布**。原产于非洲东部，广泛分布于亚洲、太平洋、印度洋和美洲等地的湿热地区。包括马达加斯加、毛里求斯、塞舌尔、印度、斯里兰卡、马尔代夫、菲律宾、印度尼西亚、马来西亚、新加坡、泰国、越南、柬埔寨、老挝、日本、夏威夷及中国（广东、广西、云南、福建、海南、台湾）等多个国家和地区。

图3-42　非洲大蜗牛（刘海军提供）

图3-43　非洲大蜗牛特征图（周卫川提供）
1.个体间贝壳外形的宽窄变化　2.幼螺至成螺生长过程　3.贝壳螺层上云彩状花纹变化类型　4.贝壳
内部构造　5.爬行状

（二）病害

25. 炭疽病 *Glomerella cingulata* (Stonem.) Spauld. & Schrenk

英文名：Areca catechu, anthracnose

（1）寄主。柑橘属（酸橙、柚、橘、橙等）、苹果、葡萄、桃、西瓜、番石榴、芒果、荔枝、椰子、榴莲、柿、人心果、山楂、腰果、鸡蛋果、无花果、鳄梨、欧洲甜樱桃、扁桃、梨属、葡萄、番荔枝属、芭蕉属、甘蔗属、槟榔、木瓜、甜瓜等。

（2）症状。为害果实，会引起腐烂。

（3）病原。有性世代是围小丛壳*Glomerella cingulata* (Stonem.) Spauld. & Schrenk，球壳目Sphaeriales 日规壳菌科Gnomoniaceae 小丛壳属*Glomerella*，其无性世代为胶孢炭疽菌*Colletotrichum gloeosporioides* (Penz.) Sacc.。菌丝初期无色后变灰黑色，有隔膜。分生孢子盘黑色，卵圆形，直径120～250微米，周围有深褐色刚毛，盘内密生分生孢子梗，分生孢子着生在梗上，单孢、无色、椭圆形至圆筒形，有或无油点，大小（12.2～15.8）微米×（4.0～5.4）微米。

（4）地理分布。古巴、加拿大、美国、澳大利亚、夏威夷群岛、南非、乌干达、巴西、哥伦比亚、秘鲁、委内瑞拉、荷兰、西班牙、意大利、马来西亚、印度、印度尼西亚、泰国和中国等90多个国家和地区。

26. 果腐病 *Physalospora rhodina* Cke

（1）寄主。山竹等。

（2）症状。为采后的成熟果易发病。起先果蒂周围褪色变褐，进而很快发展到果肉内，外果皮变成黑亮之后，长出分生孢子堆。

（3）病原。该病的病原菌为柑橘蒂腐囊孢菌(*Physalospora rhodina* Cke)，分生孢子器为黑色、椭圆形、有孔口、直径为150~180微米；分生孢子为椭圆形、2个细胞、具条纹、大小为24微米×15微米。子囊孢子无色透明、单胞、椭圆形、大小为（24~42）微米×（7~17）微米。

27. 山竹枝枯病 *Zignoella garcineae* P.Henn.

（1）症状。在马来西亚发生，受害枝上的叶片出现枯萎，最终整株树死亡。

（2）防治方法。砍除病株并烧毁，防止病害传播。

28. 山竹线疫病 *Pellicularia koleroga* Cooke

（1）症状。该病菌易侵染叶表面，破坏叶表面的薄壁组织，引起叶颜色变褐、叶枯死、脱落。丝状菌索也可引起叶片下垂，受侵染的叶柄褪色、干枯。波多黎各有此病为害的报道。过荫或过湿的环境易诱发此病。此病首先在小枝上发生，继而扩展到叶片，在叶面上形成一白色条纹，叶色变棕色，然后转深棕色，导致落叶。

（2）病原。橙叶网膜革菌（*Pellicularia koleroga* Cooke）。

（3）防治方法。降低荫蔽度，喷施波尔多液或含铜杀菌剂。

29. 叶斑病 *Pestalotia esoaillatii* Cof. & Gonz.和*Leptostroma gareiniae* Fragoso & Cif

（1）症状。发病叶上出现红色至栗色的不规则叶斑，真菌*Pestalotia esoaillatii* Cof. & Gonz 可使叶尖和叶缘干枯，叶片上会出现灰白色的病斑。*Leptostroma gareiniae* Fragoso & Cif 发病叶上出现红色至栗色的不规则叶斑，直径为5~10毫米。

（2）病原。①*Pestalotia esoaillatii* Cof. & Gonz；分生孢子

具5个细胞、纺锤状，大小为（12～17）微米×（5～6）微米。②长半壳属真菌(*Leptostroma gareiniae* Fragoso & Cif）。

二、病虫害防治

榴莲和山竹上在果园生长期会有一些食叶和为害根茎的有害物种，对果实而言，主要是榴莲收获后发生的果腐病害类型以及果实钻蛀性害虫。进口莲雾在进境口岸，会采取一系列的植物检疫措施，在口岸实施检疫，剔除和控制有害生物，严防传入。

榴莲采收后，在运输过程中往往会出现果实腐烂现象，研究发现是疫病病原(*Phytophthora* sp.)导致发生，该疫病的病原菌是从果园携带的，对此病原菌的防治，用金雷、瑞毒霉锰锌和农用链霉素对榴莲采后疫病有较好的防治效果。导致榴莲果实储藏中发生腐烂的主要是棕榈疫霉菌。这种病原菌属于土传菌，因此，一旦果实和土壤接触，就可能受到它的侵染，所以采取自然落果的采摘方式往往导致更多的腐烂果。这种病原菌可以在果实生长的任何阶段侵染果实，但往往在果实接近完熟时发病。发病部位呈褐色，后病斑逐渐扩大。病原菌产生柠檬形孢子囊，大小为9.8～15.9微米。采收以后及时采用苯菌灵(或三乙膦酸铝)处理果实可以有效控制病害的发生。如果在采前采用合理的栽培管理措施，避免果实和土壤接触，将会取得更好的效果。

山竹线疫病的病原菌是橙叶网膜革菌(*Pellicularia koleroga* Cooke)，此病在过阴或过湿的环境下易诱发发生。防治方法是降低荫蔽度，并喷施波尔多液或含铜杀菌剂。

在抽生新梢时，部分山竹子植株上偶见蚜虫在嫩叶背面吸取汁液引起卷叶。如严重侵袭时可用50%辟蚜雾可湿性粉剂1 000～1 500倍液叶面喷施，施药间隔7～10天，施药次数为2～3次。蚂蚁会在山竹子果实萼片下做窝，对蚂蚁、蓟马类，可喷施90%敌百虫800倍或40%乐果1 000倍液，施药次数2～3次，每次间隔7～10天。

Production and Pests Control of
Durio zibethinus and *Garcinia mangostana*

第四章　　果实采收和储藏

一、榴莲果实采收和储藏

1. 采收

榴莲成熟度的确定需要通过生长期、颜色、风味、声音和果刺的变化等进行综合判定。一般早熟品种如Chanee、Kradoomthong等，从开花着果到成熟一般为95～105天；中熟品种如Kanyao需要105～120天；晚熟品种则一般需要120～140天。从颜色上来讲，随着果实成熟度的增加，果刺底色逐渐由深绿色到浅绿色、灰绿色转变，同时，刺尖变褐，在果实成熟度的进一步增加后，果实整个颜色向褐色转变，并且，随着颜色的变化，果刺也逐渐变软。而当果实发出特征性气味的时候，则意味着果实已经成熟甚至完熟。另外，当果实达到一定成熟度时，可能由于果肉和果壳之间产生空隙，用手指或其他东西敲击果实，会有中空的声音发出。此外，人们还研究采用X射线扫描技术、近红外线检测等非破坏性检测技术通过对榴莲果肉的探测，检测榴莲果实成熟度，使得检测精度大大提高。

榴莲为呼吸跃变型果实，但是如果采收太早，可能会导致不能正常后熟或后熟不均；同时，采收太早，果实的果肉含有糖分较低，色泽香气较差。所以一般在八成半成熟后采收。若采收太晚，果实会在树上完熟，果肉会变得太软，发出硫黄气味，产品货架期缩短。有研究认为，榴莲果实转橙黄色或橙红色时即为成熟，可以采收，采收后果实不能即时直接鲜食，需经4～7天后熟期，待果肉松软才能食用。据江柏萱就湿度对榴莲后熟影响的研究，将盛花后113天采收的果存放于相对湿度分别为75%、83%和93%的30℃条件下5天，结果显示，在湿度为75%下存放的果实日平均重量损失明显高于其他两种湿度，三者分别为3.8%、2.7%和2.6%。低湿度使内生乙烯浓度上升，果皮更易剥落，但不会加速后熟。湿度对成熟果实果肉的淀粉含量、可溶性固形物、总糖量、硬度和颜色变化无明显影响。

　　具体采收方法，有些地方采取让榴莲果实自然成熟落地，直接捡拾。这种方法容易使果实受到损伤，导致果实被病原菌侵染，这个时候果实已经达到很高的成熟度，从而使产品货架期缩短。因此，最好采用人工采摘的方法。

2. 储藏

　　榴莲果实的储藏，八成半成熟度采收的榴莲果实在常温下，早熟品种可以储存3~4天，晚熟品种可以储存5~6天，随后果实很快完熟软化；而完熟的果实只能储存1~2天。因此，延长果实的储存期，应在不发生冷害的前提下，尽可能采用低温储藏。如果带皮储存，短期储藏可以采用10℃左右的低温，时间太长会发生冷害；如果需要较长时间储藏，温度以15℃左右为宜，其最长时间可达3周左右。

　　由于榴莲果肉不容易发生冷害，所以可以将果肉剥离单独储藏。Praditdoung报道将Chanee果肉采用聚苯乙烯托盘和低密度聚乙烯薄膜包装，在（4±1）℃、相对湿度（80±5）%的条件下储存1个月，基本不影响其食用品质，还有报道指出Chanee和Mon Thong果肉采用薄膜包裹在2℃下可以分别储藏48天和30天。另外，也可以将果肉速冻储藏，储藏3个月以上仍然可以保持良好风味。Voona等研究了榴莲果肉在28℃和4℃下的储藏情况，在28℃下、24小时后果肉开始变软，2天后开始变酸；而在4℃下，储藏到35天时，硬度还有所增加，有机酸含量基本保持不变，但在此温度下储藏到第14天时，果肉开始出现异味。

　　除了单独采用低温储藏外，为了获得更好的保鲜效果，可以采用气调技术储藏，而且低氧比高二氧化碳更有利于产品储藏。

氧气浓度降低到10%便会显著影响榴莲乙烯的产生，但不会推迟果实完熟进程，而氧气浓度低于10%便会抑制榴莲果实的完熟，氧气浓度在2.5%以上，虽然产品品质有所影响，但仍然可以接受，而氧气浓度一旦降到2%，便会对果实产生伤害，果实不能后熟。例如，Monthong榴莲在氧气浓度5%~7.5%、15℃下可以储藏3周而产品品质基本不受影响，高浓度二氧化碳则对榴莲果实影响不大。浓度10%或20%的二氧化碳对榴莲果实的完熟进程没有产生太大影响，只是在储藏后期会轻微地减少果实内部乙烯的产生。因此，采用气调储藏时，应采用低氧储藏，氧气浓度应控制在3%~9%，最好为5%~7.5%。

此外，Tongdee等报道采用打蜡处理可以有效降低榴莲果实呼吸速率和乙烯的释放，并部分或完全抑制果实的完熟，同时，还降低了榴莲果实令人不愉快挥发性物质的产生。

二、山竹果实采收和储藏

1. 采收

山竹果实的成熟期大约在开花后103天，这时的果皮呈红色。在斯里兰卡的低纬区，采收期为5~6月，高海拔地区为7~8月或8~9月，印度有2个果熟期，为7~10月和4~6月，在泰国果熟期一般为5~9月，海南果熟期为6~7月。中国海南省保亭地区的山竹子的果实基本上在6月中旬开始成熟，成熟跨度6~12周不等。山竹在海南主要以本地鲜食为主，果实表面颜色粉红至紫色时都可采摘，过早或过晚采摘都无法达到合适的口感。采收时间通常选择清晨或傍晚气温较凉爽时进行。

山竹的表皮开始转红表示其开始成熟。表皮从粉红转黑时是采收的季节。每株树的产量，从幼树结60个果开始，到22年以上树龄的可达1 800个果。山竹成熟时，树上充分成熟的果，皮呈黑紫色，这大约在开花后114天。在果皮颜色转淡红色2～3天采摘。山竹果在采摘、搬运时必须非常小心谨慎，以免损伤，20厘米高度落地都会损伤刚采下的鲜果。根据海南省保亭的经验，山竹的采摘有采用手工的原始采摘法；还有无伤采收法，即采用采果杆（由落果梳、采果兜和手杆三部分组成的器具）采果，使用这种器具采收山竹，伤果率不足1%，而且采果的速度快。

山竹植株的各个部位，包括果实，受到损伤时都会流出黄色的乳胶。山竹果实成熟果采收时，应避免碰伤，传统的方法是用梯子或带有袋的长竹杆采割。

泰国Jar impopas B.等研究制造山竹果实切割机，类型有手控型和半自动型。手控型切割机由圆筒形钢机座、圆筒形橡胶支撑架、带有切面可通过螺丝进行水平或垂直方向控制的切刀组成。半自动型是由一个220伏、50赫兹、1相位、186.4瓦的电动机，1:20的齿轮减速器，6厘米×2厘米的切割刀，传动装置以及根据果实大小设计的可换橡胶垫组成。经过对手控切割机测试，该机器能以109个/时、107个/时、101个/时的切割速度分别对大、中、小型果进行切割，切割面100%平滑。研制出的2种型号的半自动型切割机的部件原理相似，第1种半自动型切割机对大、中、小果的切割能力分别为237个/时、214个/时、216个/时，有80%的切口为环状，92%的切割面平滑，切割的果实都很容易取出。第2种半自动切割机的切割速度较快，对大、中、小果的切割速度分别是413个/时、363个/时、377个/时，但切割后的果实质量比第1种切割机要差些，取出大果也要困难些。

2. 储藏

印度尼西亚Daryono M.等认为，山竹的最佳采收期为果皮颜

榴莲山竹
生产与病虫害防治 | Production and Pests Control of
Durio zibethinus and Garcinia mangostana

色有25%转为紫色时，采收后在常温下放置1天就会正常成熟。在干热条件下，可存放20～25天，若继续存放可使果皮变皱、变硬、变干，难以打开。在4.44～12.78℃下储藏，储藏期为3～4周；在3.89～5.56℃、相对湿度为85～90%的条件下，可保存49天。在常温下储藏7天，果实的干耗和发病率分别为3.3%和23.9%，在低温(5℃)下储藏7天，果实的干耗和发病率分别为0和11.0%。低温储藏一般不会引起冷害，对果实品质也没有影响。采收果未包装、用有孔塑料袋包装、用密封塑料袋包装的3种情况下，所引起的干耗和果实发病率分别为7.2%、22.3%、2.3%、16.1%、0.3%、13.0%。储藏在塑料袋中对果实的糖酸比略有影响，而对维生素C的含量则没有影响。受伤山竹果皮活性炭酸钙含量低，同时活性炭酸钙合成酶和氧化酶活性都比未受伤果的低。长途运输须选用果基刚变色、呈淡褐色的果实。未熟果实果皮含有较多的黄色汁液，成熟时逐渐消失，可利用这一特性来判断最适采果时间。理想的成熟果实呈紫红色或深红色，无真菌感染，果肉白色而均匀透明。

　　根据在印度尼西亚的收获和储藏经验，淡红色的果后熟到黑紫色约需5天时间，成熟果自然保鲜期约为1周，如果采用气调储藏可以延长到4～5周。果实采后处理可以延长储藏保鲜期。在长距离运输，果实事先进行冰浸处理，将果置于4℃的冰水中浸泡约15分钟，然后装于通风良好的塑料箱中，每箱约20千克，而且是冷藏运输，将冰块置于车厢里再装。运到目地后，果实立即被分装于有针孔的聚乙烯塑料薄膜袋里，薄膜袋材料0.04毫米厚，袋大小30厘米×45厘米，每个袋刺35个针孔洞以透气，这样处理，在30℃时保鲜期约4周。

　　中国海南省保亭的经验，果实采收后进行适当的采后处理，可以增加果实的保鲜度。方法是山竹果采摘后装筐集中放置在阴凉通风的房间内，有条件的也可以放入冷库中保存。经过3～5天充分后熟，颜色达到浅紫红色后，再开始漂洗、筛选、晾干、包装等处理环节。漂洗后的山竹果，一部分飘浮在水面上，一部分沉入水底。飘浮着的山竹果为内部没有损伤的优质果，沉入水中的基本为有藤黄胶的劣质果。将浮果捞出后，检查确认萼片下没有残留蚂蚁窝后，在干净的台面上摊开晾干。装箱时，选取果重70克左右、大小基本一致的山竹果装箱，即可送入市场销售。

Production and Pests Control of
Durio zibethinus and *Garcinia mangostana*

第五章   文化及美食与保健

榴莲、山竹的文化表达了人们对榴莲、山竹的感情。这两种水果吸引人不仅仅是它们的风味，而且还有对人体的保健作用。

一、榴莲的传说

在东南亚各地，有卖衣去换吃榴莲的趣谈。泰国流传一句俗话："榴莲出，纱笼脱"。这就是说，每逢榴莲上市，人们即使家里穷得揭不开锅，为吃榴莲，宁愿把衣服典押了也心甘情愿。"水果之王"榴莲，因为营养丰富，因为"又臭又香又好吃"，令人欲罢不能。榴莲果肉黏性多汁，酥软味甜，吃起来具有乳酪和洋葱味，初尝有异味，续食清凉甜蜜，回味甚佳，故有"流连(榴莲)忘返"的美誉。

关于榴莲一词的来历，说法不一。有传说：在马来西亚，当地人民出于对中国著名航海家——"三宝太监"郑和的尊敬和爱戴，说榴莲是郑和种植和命名的。至今广为流传着一则民间故事：郑和奉旨漂洋过海，抵南洋后，历经千辛万苦。随员十分思念故国家乡，一时人心浮动。郑和左右为难之际，突然发现当年登岸之处长有一棵高大果树，树身垂挂着一种从未见过的、长满坚刺的奇果。于是令人采来尝尝，感到异香可口。遂下令，人人都摘尝一个，众人饱尝一顿，无不啧啧赞美，一时精神振奋。从此以后，大家对榴莲嗜之如命，即使身居异国他乡，也流连忘返了。有人问郑和："这种果叫什么名字？"他随口答道："流连"。此后，人们将它转化为榴莲。于是，郑和就给这一奇怪的水果命名为榴莲。还有另一个传说：古时一群男女漂洋过海下南洋，遇上了风浪，只有一对男女漂泊几天到达一个美丽的小岛；岛上居民采来一种果实给他们吃，两人很快恢复了体力，再也不愿意回家，在此结为夫妻，生儿育女。后来人们给这个水果起名叫榴莲，意思是让人"流连忘返"。东南亚的华人吃了，对祖国大陆"流连（榴莲）忘返"，寄托一种思乡之情。

榴莲原产于印度尼西亚。传说18世纪时，暹罗（泰国旧称）进攻缅甸，粮草缺乏，只好四处寻野果充饥，结果发现一种硕大有刺的果实香甜可口。回国后，士兵把果核也带回，由此榴莲进入泰国。泰国目前每年出产80多万吨榴莲，占全球产量的60%。每年5月榴莲大量出产的季节，当地都要举办"世界榴莲节"。

泰国有"一只榴莲三只鸡"之说。曾有一公寓的看门老人说，他早中晚都要吃榴莲，每次吃完都会咳出痰来，感觉心肺清爽，好多年都不生病。泰国榴莲并不便宜，一般每千克果肉要六七十元人民币。

榴莲性热。经验丰富的人，在吃榴莲的同时，也随同吃山竹。山竹有"果中皇后"之称，其性寒，"果王"与"果后"并吃，以达寒热平衡。榴莲的根可治热症，叶也可以治热症和黄疸病。

榴莲除了生吃之外，还可去掉果内的籽核，将果肉与椰子汁、白糖、鸡蛋等，加工煮熟食用；还可将果肉煮熟成浆，混合糖，制成榴莲糕，如将榴莲果肉与糯米一起煮成粥，更别具风味。由于榴莲有强烈气味，往往被禁止带上飞机和火车，较讲究的旅馆也禁止携带入室（图5-1、图5-2）。

图5-1　榴莲剥开后可见果肉（黄彬提供）

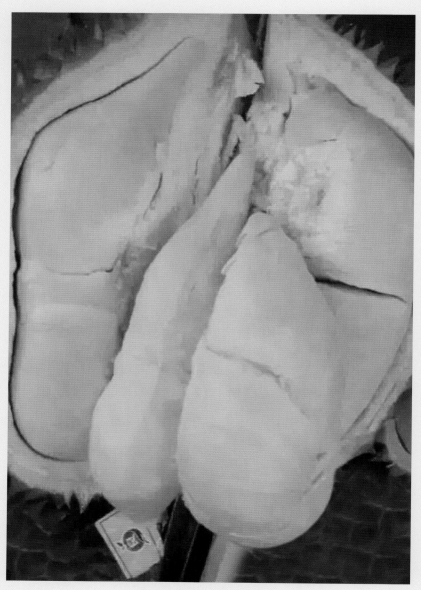

图5-2　榴莲果肉（黄彬提供）

二、食用价值

如果去泰国旅游没有吃榴莲，那可真是一件遗憾的事情。"水果之王"榴莲因为营养丰富以及"又臭又香又好吃"，令人欲罢不能。但吃榴莲上火，还有一些人忍受不了榴莲的"臭味"，如何才能解决这些问题呢？在泰国有句民谚说"榴莲就是火"。据悉，泰国卫生部多次劝诫公众一天吃榴莲不要超过两瓣，由此可见榴莲有多么"热"。不过泰国人吃榴莲不上火有一套方法，方法之一就是与山竹同吃。山竹果肉雪白嫩软，味清甜甘香，带微酸性凉。润滑可口，解乏止渴，生发补身，为热带果树中珍品，称山竹是纯洁的爱，更有"水果皇后"之称，有"下火"的功能。所以泰国人吃过榴莲之后一般会再吃几个山竹，以平复榴莲的火热，正可谓"阴阳调和"。然而在泰国以外的许多国家，山竹却比榴莲更为珍贵。因此，他们有更好的办法，吃过榴莲之后，把淡盐水倒进外壳里面，用筷子搅拌片刻，把水倒出来饮用即可去火。通常一只榴莲有1～2千克，一次不能吃完，放在冰箱里也能去火，吃下去又有一种冰淇淋的味道，因而一举两得（图5-3）。

图5-3 剥开的山竹见果肉（黄彬提供）

三、保健作用

（一）榴莲

榴莲素有"水果之王"的美称，吃了一次之后就会让人感到"流连"。泰国的姑娘宁愿卖掉一身衣裙也只为能够尝一个榴莲，然而具有如此吸引力的榴莲若是吃错可能会致命。

1. 吃榴莲的禁忌

（1）榴莲不可与白酒同食，酒与榴莲皆属热气之物，据介绍如果患糖尿病的人士两者同吃，会导致血管阻塞，严重的会出现血管爆裂、中风情况的出现，所以宜小心食用。正常健康人士也应忌两者同时食用。甚至曾有过多例榴莲与白酒同食至死的案例。

（2）热性体质、喉痛咳嗽、患感冒、阴虚体质、气管敏感者吃榴莲会令病情恶化，对身体无益，不宜食用。

榴莲不能与温性食物同吃，如牛肉、羊肉、狗肉等以及海鲜。因为这些食物皆属于燥热之物，同吃会上火发炎或者由于上火而导致其他的疾病或者诱发以前的疾病。

（3）中医认为，榴莲性质温热，若吃得太多，会令燥火上升，出现湿毒的症状。想缓解不适，就要饮海带绿豆汤或夏枯草汤。

（4）心脑血管患者不宜吃榴莲，否则会导致血管阻塞，严重的会有血管爆裂、中风等情况出现。肾病患者以及心脏病病人不宜吃榴莲，因为榴莲含有较高钾质。此外，皮肤病患者以及喉炎、哮喘、气管炎患者也不宜吃榴莲，吃了会导致病情加重。

（5）肥胖人士宜少食，因为榴莲含有较高的热量及糖分。

（6）榴莲与牛奶不能同吃，食用后会觉得不适。过多会致咖啡因中毒，血压飙升，引发心脏病，甚至猝死。

有人喜欢喝牛奶，如果不小心和榴莲同食了，一有不适应马上去医院洗胃。

2. 榴莲的功效与作用

（1）**滋补身体**。榴莲的营养价值很高，它含有很高的糖分，含淀粉11%、糖分13%、蛋白质3%，还有多种维生素、脂肪、钙、铁和磷等。身体虚弱、产后、病后的朋友可以食用榴莲补养身体。

（2）**缓解痛经**。因为榴莲是热性水果，因此食用后可以起到活血散寒、缓解经痛的作用，特别适合体寒、经痛、怕冷的女士吃。同时，榴莲的热性可以改善腹部寒凉的情况，促进体温上升。

（3）**通便治便秘**。榴莲中含有非常丰富的膳食纤维，可以促进肠蠕动，治疗便秘。但需注意：吃榴莲治疗便秘注意多喝开水，促进纤维的吸收，起到治疗便秘的效果。

（4）**预防和治疗高血压**。榴莲果中维生素的生理功能及对某些疾病的疗效作用是不可忽视的。榴莲果中还含有人体必需的矿质元素。其中，钾和钙的含量特别高。

（5）**防癌抗癌**。因为榴莲维生素含量丰富，这些维生素能抑制肿瘤形成的抗启动基因的活性，预防和治疗缺铁性贫血、恶性贫血及坏血病，促进胶原的形成和类固醇的代谢，有利于维持骨骼和牙齿的正常功能，抗衰老、抑制亚硝酸盐与胺合成亚硝胺，从而起到抑癌抗癌的作用。

（6）**温补的功效**。在民间有一种说法，用榴莲的壳煮汤喝，可以起到散寒温补的作用。

3. 榴莲的药用价值

（1）**功效**。滋阴强壮、疏风清热、利胆退黄、杀虫止痒、补身体。

榴莲有特殊的气味，不同的人感受不同，有的人认为其臭如猫屎，有的人认为香气馥郁。榴莲的这种气味有开胃、促进食欲之功效，其中的膳食纤维能促进肠蠕动。

（2）功能。榴莲果皮能滋润养阴，用榴莲皮内肉煮鸡汤喝，可作妇女滋补汤，能去胃寒。榴莲皮的食用是只食用里面白色的部分，用榴莲的白色的皮肉加点瘦肉或者是鸡一起来煲汤，味道十分的鲜甜，而且很清热，在炎炎的夏天能起到降火的作用，具有补血益气、滋润养阴等的作用。

榴莲果核能温和补肾，榴莲核也有一定的药用价值，民间就有用榴莲核煲汤的做法。相对榴莲果肉，榴莲的核质较温和，晒干煮汤有补肾、健脾的作用。

可用于精血亏虚须发早白、衰老等症。可用于风热等症。可用治黄疸。可用治疥癣、皮肤瘙痒等症。

《本草纲目》中记载，"榴莲可供药用，味甘温，无毒，主治暴痢和心腹冷气"。榴莲可用于精血亏虚、须发早白、衰老、风热、黄疸、疥癣、皮肤瘙痒等症。

（二）山竹

山竹可生吃、榨汁、做沙拉、制作罐头等。山竹果皮味苦涩，剥皮时需防止将果皮汁液染在肉瓣上，以免影响口感。

山竹果肉含丰富的膳食纤维、糖类、维生素及镁、钙、磷、钾等矿物元素。对机体有很好的补养作用，对体弱、病后、营养不良都有很好的调养作用。山竹营养丰富，抗氧化作用强，而且有保健功效，不过食用要适量。中医认为有清热降火、美容肌肤的功效。对平时爱吃辛辣食物、肝火旺盛、皮肤不太好的人，常吃山竹可以清热解毒，改善皮肤。体质本身虚寒者则不宜多吃。干燥的山竹叶可用来泡茶。

山竹气味的化学组分量约是芳香水果气味的1/400。山竹的清香气味主要由挥发性成分组成的，包括乙酸己酯、叶醇（顺-3-己烯醇）以及仅一古巴烯(Copaene)组成。

　　每百克可食部分含蛋白质0.66克、脂肪0.2克、糖类17克。维生素含量全面，除了B族维生素外，尚含维生素A、维生素E和维生素C。无机盐方面，钾的含量最高，超过100毫克。

　　山竹含有一种特殊物质，具有降燥、清凉解热的作用，这使山竹能克榴莲之燥热。山竹含有丰富的蛋白质和脂类，对机体有很好的补养作用，对体弱、营养不良、病后都有很好的调养作用。

　　山竹对一般人都可食用，尤其对体弱、病后的人更为适合。

　　吃山竹的禁忌有：①肥胖者及肾病、心脏病患者少吃；糖尿病患者忌食。体质虚寒者只能少吃，不宜多吃。②每天最多吃3个山竹，过多会引起便秘。若不慎吃过量，可用红糖煮姜茶调和一下。③山竹忌和西瓜、豆浆、啤酒、白菜、芥菜、苦瓜、冬瓜、荷叶等寒凉食物同吃。④吃山竹时，最好不要将外皮紫色汁液染在果肉瓣上，这会影响口感。⑤女子月经期间或有寒性痛经者勿食。

Production and Pests Control of
Durio zibethinus and *Garcinia mangostana*

第六章　　进境检验检疫质量控制

一、国内市场

我国每年从国外进口大量的热带水果。以榴莲和山竹为例，在国内尤其是广州的水果市场，周年可见榴莲和山竹。在广州的冬天，泰国的金枕头榴莲有销售，山竹同样也有销售（图6-1～图6-4）。

图6-1　广州水果市场出售的泰国榴莲（梁广勤提供）

图6-2 春节期间广州水果市场出售的山竹（梁广勤提供）

图6-3　收获后待上市的泰国榴莲（黄彬提供）

图6-4　春节期间广州水果市场出售的榴莲（梁广勤提供）

二、进境检验检疫要求

　　我国对进境的榴莲和山竹一直以来都有严格的植物检疫要求和处理措施，20世纪90年代中泰两国签署了相关的议定书，其中要求泰国输往中国的榴莲必须来自中泰两国植物检疫部门共同指定的果园、包装厂和冷藏库，否则禁止进境。水果上的农药及化学残留限量不得超出中国法律法规规定的标准。中国关注的限定性有害生物包括中方法律法规规定的检疫性有害生物，以及新发生的可能对中国水果和其他作物生产造成不可接受的经济影响的其他有害生物。水果到达中国入境口岸时，检疫部门将查验有效的带有所需附加声明的植物检疫证书、如发现未有按中方规定要求，则对该批水果进行销毁、转口或有效的检疫除害处理，有关费用由货主承担。

　　为使马来西亚冷冻榴莲安全输往我国，中方和马方在冷冻榴莲在风险分析的基础上，中方同意进口马来西亚冷冻榴莲。所指的

冷冻榴莲是指在 - 30℃或以下冷冻30分钟、 - 18℃或以下冷藏运输的榴莲果肉。输华冷冻榴莲应符合中国植物检疫法律法规和安全卫生标准。当冷冻榴莲到达中国入境口岸时，中国出入境检验检疫机构将查验相关单证、标签，并实施相应的检验检疫。如发现检疫性有害生物，该批货物作处理或退货处理。

当进境榴莲到达中国入境口岸时，在检疫过程中查获有害生物，将对该批货物进行有效的检疫除害、退运或销毁处理。对进境山竹的检疫要求，如发现活的有害生物或病害症状，除非可排除检疫性有害生物，否则货物不得放行。

三、入境口岸检疫及有害生物控制

在从产地国入境中国的山竹和榴莲，在入境中国口岸后，中国检验检疫人员对输华的进境水果进行检疫，以严防有害生物传入国内。当在检疫过程中发现活的有害生物或病害症状，就要进行检疫处理，处理的方法可以是应用物理除害方法，也可以是应用化学除害方法，也可以是采取行政法规措施退运或销毁处理。总的目的要求是控制有害生物的传入。

Production and Pests Control of
Durio zibethinus and *Garcinia mangostana*

第七章　国内发展可行性分析

一、引种和成功种植可行性探索

榴莲和山竹都是热带水果植物，而且要求在高温的气候条件下种植才能正常生长、结果和繁殖。

1. 榴莲

榴莲原产于东南亚热带地区，需要生长在日平均温度22℃以上、全年基本无霜冻、积温在7 000～7 500℃、年降水量1 000毫米以上的地区。中国海南局部地区有适宜榴莲生长发育的气候条件，因此，在海南省有种植成功的记录。香港曾在20世纪60年代引种，作科研之用，未能种植成功。位于广州的华南植物园，也曾于20世纪80年代在园内试种作科研之用，但也未成功。榴莲不能种植成功，均因地域气候不适宜。

2. 山竹

山竹的生长发育须在25～35℃、相对湿度80%的气候环境条件下，其最基本的温度范围是20～25℃。当温度处于20℃以下时，不利于山竹的生长；需在4℃以上的环境中才能生长，一旦温度长期处于5℃或以下，相对湿度低于40%时，可能会引起植株的死亡。

山竹原产于热带地区，在我国具有热带气候条件的地区有适宜种植山竹的可能。中国的海南、台湾以及云南西双版纳等热带地区，有少量种植山竹。在台湾，冬季气温较东南亚低，风土未能适应，因此，虽在20世纪初即开始引种试验都未能成功，目前台湾尚未实际经济栽培，其关键在于温度为其重要生长因子。2008—2009年，台湾嘉义以南到屏东地区已有些成株相继开花、挂果，意味着山竹在台湾有开发成功的可能。在海南的五指山、保亭也有山竹种植，并有部分山竹树已经挂果。海南的山竹种植历史可追溯到20世纪60年代。1960年，海南省保亭热带作物研究所从马来西亚引种山竹回国，当年7月定植在保亭热带作物研究所标本园内。1968年2月开始开花结果，果实6月下旬成熟。广东的平均气温较海南、台湾都低，湛江的徐闻以及茂名地区，气温相对较广东省内的其他地区偏高，但在全省范围内尚未有成功种植山竹开花、结果的先例。然而，藤黄科藤黄属的山竹子在湛江和茂名一带有分布，在广州的华南植物园内也有种植。

二、藤黄属植物在我国发展的潜力

山竹属于藤黄科藤黄属植物的一种，是藤黄属植物中作为水果发展的唯一一个品种。据中国热带农业科学院南亚热带作物研究所2007年统计，当时在我国藤黄属植物共有21种，随后种植的种类有所增加，例如，中国科学院华南植物园种植的油山竹 [*Garcinia tonkinensia*(Baill.)Vesque] 。

这些藤黄属植物产于台湾南部、福建、广东、海南、广西南部、云南南部（西南部至西部）、西藏东南部、贵州南部及湖南西南部等地。这些藤黄属植物可以在中国大陆种植和生长发育，开花结果。但由于山竹对气候条件的要求较同属的其他种类要高，因此难以广泛发展。相关的22种国内种植的藤黄属植物如下。

大苞藤黄 *Garcinia bracteata*

云南山竹子 *Garcinia cowa*

山木瓜 *Garcinia esculenta*

广西藤黄 *Garcinia kwangsiensis*

长裂藤黄 *Garcinia lancilimba*

兰屿福木 *Garcinia linii*

山竹 *Garcinia mangostana*

多花山竹子 *Garcinia multiflora*

怒江藤黄 *Garcinia nujiangensis*

岭南山竹子 *Garcinia oblongifolia*

单花山竹子 *Garcinia oligantha*

金丝李 *Garcinia paucinervis*

大果藤黄 *Garcinia pedunculata*

红萼藤黄 *Garcinia rubrisepala*

越南藤黄 *Garcinia schefferi*

菲岛福木 *Garcinia subelliptica*

尖叶藤黄 *Garcinia subfalcata*

油山竹 *Garcinia tonkinensis*

双籽藤黄 *Garcinia tetralata*

大叶藤黄 *Garcinia xanthochymus*

版纳藤黄 *Garcinia xipshuanbannaensis*

云南藤黄 *Garcinia yunnanensis*

　　藤黄属植物可用做食用水果、木材和各种其他天然产品的来源，也是化工和医药的重要原料。如山竹是著名热带果树，又称莽吉柿，是藤黄属中唯一商业栽培品种；金丝李*Garcinia paucinervis*是我国二级保护植物和珍贵的用材树种；云南山竹子*G. cowa*的嫩叶在许多泰国菜中用作调味品；印度藤黄*G. india*种子可生产油脂；多花山竹子*G. multiflora*、岭南山竹子*G. oblongifolia*种子含油，可供制皂和机械润滑油用，树皮入药，有消炎功效，木材坚硬，可供舡板，家具及工艺雕刻用材；菲岛福木*G. subelliptica* Merr.是我国沿海地区营造防风林的理想树种；本属多种植物提取物富含清除自由基的抗氧化物呫吨酮(Xanthones)和具有减肥功效的对羟基柠檬酸(Hydroxycitric Acid，HCA)，具有重要的保健功效；许多种可用作园林绿化树种。由于藤黄属植物在经济上和医药上的重要价值，尤其是其食用、药用和保健功效，所以越来越引起人们的重视。

在藤黄属植物中，广东湛江的徐闻、廉江和茂名的化州和高州都分布有岭南山竹子 *Garcinia oblongifolia*，据传徐闻的有一株百年山竹子树，化州也有一株百年山竹子树。经过鉴定，湛江和茂名的山竹子是岭南山竹子；位于广州市区的中国科学院华南植物园内种植的藤黄属植物有大叶藤黄 *Garcinia xanthochymus*、菲岛福木 *Garcinia subelliptica*、金丝李 *Garcinia paucinervis* 和油山竹 *Garcinia tonkinensis* 以及多花山竹子 *Garcinia multiflora* 等。山竹在海南种植成功，提供了种植和发展山竹经济的经验，山竹植物可以经过科学宜栽条件的改造和培育获得成功，可以从提高植物对环境的适应能力，促进热带水果业在我国的发展，而具有广阔的前景。其他的藤黄属植物，可以从具有重要经济价值的方向改造和发展。

以下为几种在广东省种植的藤黄属植物。

1. 大叶藤黄 *Garcinia xanthochymus*

大叶藤黄，又名歪歪果、人面果、岭南倒捻子、香港倒捻子等。乔木，高8~20米，胸径15~45厘米，树皮灰褐色，分枝细长，多而密集，平伸，先端下垂，通常披散重叠，小枝和嫩枝具明显纵棱。叶两行排列，厚革质，具光泽，椭圆形、长圆形或长方状披针形，长20~34（14~）厘米，宽6~12（4~）厘米，顶端急尖或钝，稀渐尖，基部楔形或宽楔形，中脉粗壮，两面隆起，侧脉密集，多达35~40对，网脉明显，叶柄粗壮，基部马蹄形，微抱茎，枝条顶端的1~2对叶柄通常玫瑰红色，长1.5~2.5厘米，干后有棱及横皱纹。伞房状聚伞花序，有花5~10（2~）朵，腋生或从落叶腋生出总梗长6~12毫米；花两性，5数，花梗长1.8~3厘米；萼片和花瓣3大2小，边缘具睫毛；雄蕊花丝下部合生成5束，先端分离，分离部分长约3毫米，扁平，每束具花药2～5，基部具方形腺体5枚，腺体顶端有多数孔穴，长约1毫米，与萼片对生；子房圆球形，通常5室，花柱短，约1毫米，柱头盾形，中间凹陷，通常深5裂，稀4或3裂，光滑。浆果圆球形或卵球形，成熟时黄色，外面光滑，有时具圆形皮孔，顶端突尖，有时偏斜，柱头宿存，基部通常有宿存的萼片和雄蕊束。种子1～4粒，外面具多汁的瓢状假种皮，长圆形或卵球形，种皮光滑，棕褐色。花期3～5月，果期8～11月。

分布于云南南部和西南部至西部（尤以西双版纳分布较集中），广西和广东有零星分布。国外分布有孟加拉国、缅甸、泰国安达曼岛，日本也有引种。

成熟果可食用，其味较酸；种子含油量17.12%，可作工业用油；若蚂蟥进入鼻腔，可用黄色树脂滴入鼻腔，可驱使蚂蟥自行退出（图7-1～图7-8）。

图7-1 大叶藤黄（梁广勤提供）

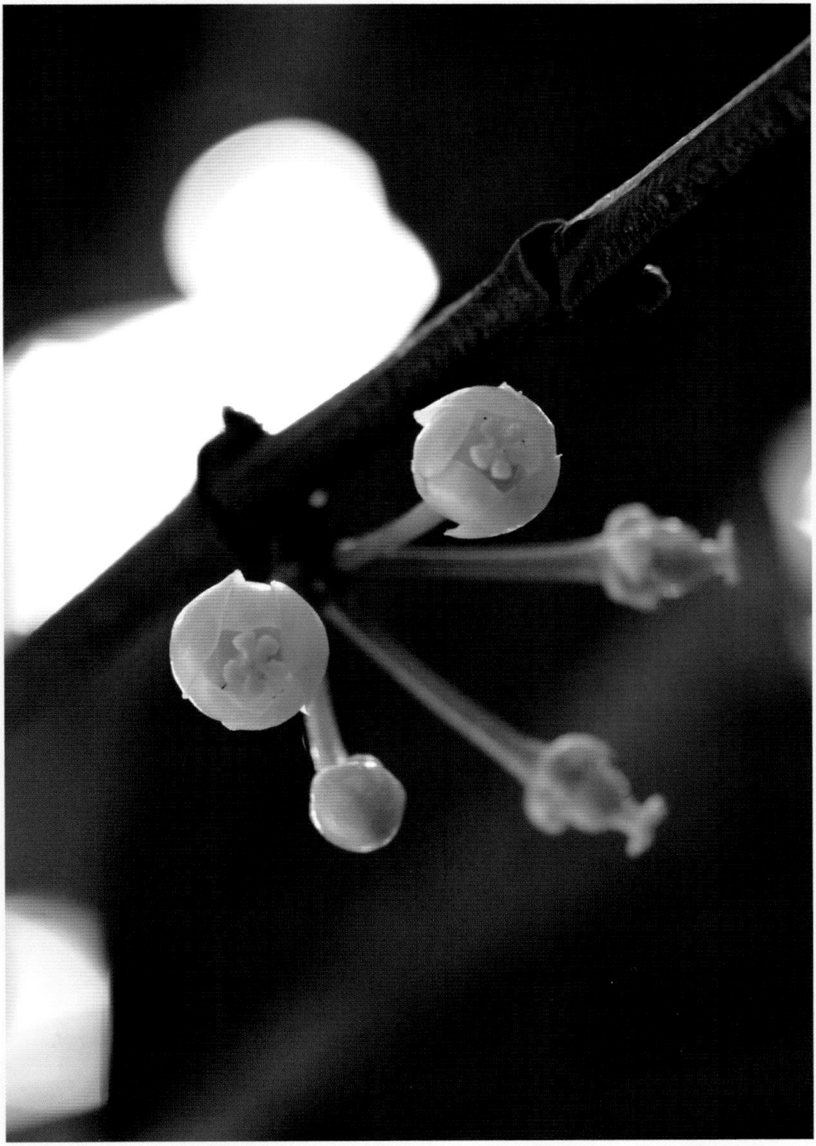

图7-2　华南植物园大叶藤黄开花状（杜志坚提供）

图7-3　大叶藤黄谢花结果（杜志坚提供）

图7-4　大叶藤黄成熟果和叶片状（杜志坚提供）

图7-5 大叶藤黄叶片正反面叶脉特征（梁广勤提供）

图7-6 大叶藤黄成熟果（梁广勤提供）

图7-7　大叶藤黄果果肉特征（杜志坚提供）

图7-8　大叶藤黄果果肉及单粒种子（杜志坚提供）

2. 油山竹 *Garcinia tonkinensis*

该种树木高大，是绿化树种，在华南植物园内有种植。根据在植物园内对该树种的特征和生长的观察，树木终年常绿，分枝多而密集，交互对生，叶片长椭圆形且端尖，叶绿且具光泽，叶片对生，花形如图，果实金黄色（图7-9～图7-15）。

图7-9　华南植物园油山竹（梁广勤提供）

图7-10　华南植物园油山竹叶形（梁广勤提供）

图7-11　油山竹叶对生状（梁广勤提供）

图7-12　油山竹花形（梁广勤提供）

图7-13　油山竹花征（杜志坚提供）

图7-14　油山竹花后小果（梁广勤提供）

图7-15　油山竹果（梁广勤提供）

3. 岭南山竹子*Garcinia oblongifolia*

又名海南山竹子、岭南倒捻子、金赏、罗蒙树、酸桐木、黄牙橘等多种名称。

本种植物为乔木或灌木，高5～15米，树皮深灰色。老枝通常具断环纹。叶片近革质，长圆形，倒卵状长圆形至倒披针形，长5～10厘米，宽2～3.5厘米，顶端急尖或钝，基部楔形，干时边缘反转，中脉在上面微隆起，侧脉10～18对，叶柄长约1厘米。花小，直径约3毫米，单性，异株，单生或呈伞形状聚伞花序，花梗长3～7毫米。雄花萼片等大，近圆形，长3～5毫米；花瓣橙黄色或淡黄色，倒卵状长圆形，长7～9毫米；雄蕊多数，和生成一束，花药聚生成头状，无退化雌蕊。雌花的萼片、花瓣与雄花相似，退化雄蕊合生成4束，短于雌蕊；子房卵球形，8～10室，无花柱，柱头盾形，隆起，辐射状分裂，上面具乳头状瘤突。浆果卵球形或圆球形，长2～4厘米，直径2～3.5厘米，基部萼片宿存，顶端承以隆起的柱头。花期4～5月，果期10～12月。

产于广东、广西。生于平地、丘陵、沟谷密林或疏林中，海拔200～400米适宜生长，海拔1 200米也有分布。越南北部也有分布。

果可食，种子含油量60.7%，种仁含油量70%，可作工业用油；木材可制家具和工艺品，树皮含单宁3%～8%，可制栲胶（图7-16～图7-23）。

图7-16　广东徐闻岭南山竹子树形（马新华提供）

图7-17 广东化州百年树龄岭南山竹子树形（庞贤光提供）

图7-18 广东徐闻岭南山竹子叶形（马新华提供）

图7-19 广东徐闻岭南山竹子叶片特征（杜志坚提供）

榴莲山竹
生产与病虫害防治

Production and Pests Control of
Durio zibethinus and *Garcinia mangostana*

图7-20　广东徐闻岭南山竹子枝形（马新华提供）

图7-21　广东徐闻岭南山竹子枝对生（杜志坚提供）

图7-22　岭南山竹子在茎杆上发出的花芽（韦旭东提供）

图7-23 岭南山竹子开花状（马新华提供）

4. 菲岛福木 *Garcinia subbelliphca*

又名福木、福树。乔木，高可达20余米，小枝坚韧粗壮，具4～5棱，叶片厚革质，卵形、卵状长圆形或椭圆形，椭圆形或披针形，长7～14（～20）厘米，宽3～6（～7）厘米，顶端钝、圆形或微凹，基部宽楔形至近圆形，上面深绿色，具光泽，下面黄绿色，中脉在下面隆起，侧脉纤细，微拱形，12～18对，两面隆起，至边缘处联结，网脉明显；叶柄粗壮，长6～15毫米，花杂性，同株，5数；雄花和雌花通常混合在一起，簇生或单生于落叶腋部，有时雌花成簇生状，雄花成假穗状，长约10厘米；雄花萼片近圆形，革职，边缘有密的短睫毛，内放2枚较大，外方3枚较小，花瓣倒卵形，黄色，长约为萼片的2倍多，雄蕊合生成5束，每束5～10枚，束柄长约2毫米，花药双生；雌花通常具长梗，退化雄蕊合生成5束，花药萎缩状，副花冠上半部具不规则的啮齿；子房球形，外面有棱，3～5室，花柱极短，柱头盾形，5深裂，无瘤突，浆果黄长圆形，成熟时黄色，外面光滑，种子1～3（～4）枚。

分布：中国（台湾）、日本（琉球）、菲律宾、斯里兰卡、印度尼西亚（爪哇）。

本种能耐暴风和怒潮，根部巩固，枝叶茂盛，是我国沿海地区营造防风林的理想树种（图7-24～图7-27）。

图7-24 菲岛福木（梁广勤提供）

榴莲山竹
生产与病虫害防治

Production and Pests Control of
Durio zibethinus and *Garcinia mangostana*

图7-25 菲岛福木枝形（梁广勤提供）

图7-26 菲岛福木叶形（杜志坚提供）

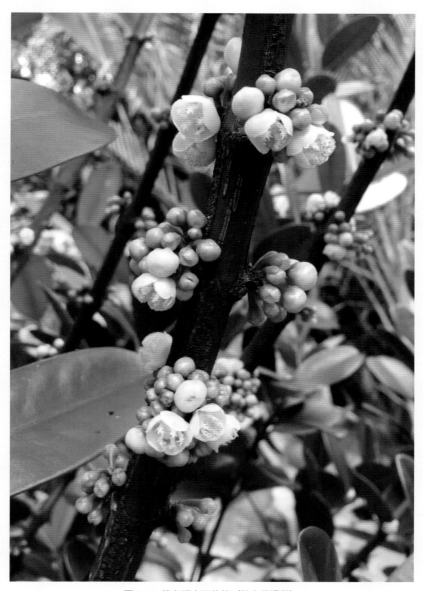

图7-27 菲岛福木开花状（杜志坚提供）

5. 金丝李 *Garcinia paucinervis*

又名埋贵、米灰波、哥非力郎。乔木，高3～15（～25）米，树皮灰黑色，具白色斑块，幼枝压扁状四棱形，暗紫色，干后具纵槽纹，叶片嫩时紫红色，膜质，老时近革质，椭圆形，椭圆状长圆形或卵状椭圆形，长8～14厘米，宽2.5～6.5厘米，顶端急尖或短渐尖，钝头、基部宽楔形，稀浑圆，干时上面暗绿色，下面淡绿或苍白，中脉在下面凸起，侧脉5～8对，两面隆起，至边缘处弯拱网钝，第三级小脉蜿蜒平行，网脉连结，两面稍隆起；叶柄长8～15毫米，幼叶叶柄基部两侧具托叶各1枚，托叶长约1毫米，花杂性，同株。雄花的聚伞花序腋生和顶生，有花4～10朵，总梗极短，花梗粗壮，微四棱形，长3～5毫米，基部具小苞片2；花萼裂片4枚，几等大，近圆形，长约3毫米；花瓣卵形，长约5毫米，顶端钝，边缘膜质，近透明；雄蕊多数（300～400），合生成4裂的环，花丝极短，花药长椭圆形，2室，纵裂，退化雌蕊微四棱形，柱头盾状而凸起。雌花通常单生叶腋，比雄花稍大，退化雄蕊的花丝合生成4束，束柄扁，片状，短于子房，每束具退化花药6～8，柱头盾形，全缘，中间隆起，光滑，子房圆球形，高约2.5毫米，无棱，基生胚珠1。果成熟时椭圆形或卵珠状椭圆形，长3.2～3.5厘米，直径2.2～2.5厘米，基部萼片宿存，顶端宿存柱头半球形，果柄长5～8毫米；种子1。花期6～7月，果期11～12月。

分布：广西、云南。

本种为我国季风型气候、石灰岩地形地区的特有珍贵用材树种（图7-28～图7-30）。

图7-28　金丝李（梁广勤提供）

图7-29　金丝李枝叶（梁广勤提供）

图7-30　金丝李红色嫩叶（梁广勤提供）

6. 多花山竹子 *Garcinia multiflora*

又名木竹子、山竹子、山橘子、大核果、竹节果、酸桐子、不碌果、大肚脐、查牙橘、铁色、南椰橘、木熟果、山枇杷、味枢、白树仔、酸白果、酸果、花瓶果、阿毕早等。

本种为乔木，稀灌木，高5～15（3～）米，胸径20～40厘米；树枝灰白色，粗糙；小枝绿色，具中槽纹。叶片革质，卵形、长圆状卵形，长7～16（～20）厘米，顶端急尖，渐尖或钝，基部楔形或宽楔形，边缘微反卷，干时背面苍绿色或褐色，中脉在上面下陷，小面隆起，10～15对，至近边缘处网结，网脉在表面不明显，叶柄长0.6～1.2厘米。花杂性，同株。雄花序成聚伞状圆锥花序式，长5～7厘米，有时单性，总梗和花梗具关节，雄花直径2～3厘米；萼片2大2小，花瓣橙黄色，倒卵形，长为萼片的1.5倍，花丝合生成4束，高出于退化雌蕊，束柄长2～3毫米，每束约有花药50枚，聚合成头状，有时部分花药成分枝状，花药2室，退化雌蕊柱状，具明显盾状柱头，4裂。雌花序有雌花1～5朵，退化雄蕊束短，束柄长约1.5毫米，短于雌蕊，子房长圆形，上半部略宽，2室，无花柱，柱头大而厚，盾形，具卵圆形至倒卵圆形，长3～5厘米，直径2.5～3厘米，成熟时黄色，盾状柱头宿存。种子1～2，椭圆形，长2～2.5厘米。花期6～8月，果期11～12月，同时偶有花果并存。

分布：台湾、福建、江西、湖南、广东、海南、广西、贵州和云南等地区。

种子含油量51.22%，种仁含油量55.6%，可供制肥皂和机械润滑油；树皮入药，有消炎功效，可治各种炎症；木材暗黄色，坚硬，可供舶板、家具及工艺雕刻用材（图7-31～图7-34）。

图7-31 多花山竹子枝叶（梁广勤提供）

图7-32 多花山竹子花芽（梁广勤提供）

图7-33 多花山竹子开花状（梁广勤提供）

图7-34 多花山竹子花形（梁广勤提供）

主要参考文献

陈爱华,江柏萱,1996.印尼山竹子的研究与栽培[J].世界农业信息(10):1-3.

陈兵,刘贝贝,吴磊,等,2013.海南保亭山竹子丰产栽培管理技术[J].热带农业科学,33(9):13-15,27.

陈展册,钟勇,陈开生,等,2015.从进口泰国榴莲上截获重要害虫截获秀粉蚧[J].植物检疫,29(6):77-80.

迟淑娟,王仕玉,2009."热带果后"山竹子研究现状[J].福建果树(3):57-61.

邓国藩,1986.中国农业昆虫[M].北京:中国农业出版社.

冯国楣,1984.中国植物志:第49卷第二分册[M].北京:科学出版社.

顾渝娟,陈克,刘海军,等,2013.进境泰国水果携带有害生物疫情分析及防控对策[J].植物检疫,27(1):81-85.

何新华,1994.榴莲常见病虫害及防治对策[J].热带作物科技(6):60-61.

黄宏文,2014.中国迁地栽培植物志名录[M].北京:科学出版社.

江柏萱,1995.湿度对榴莲后熟的影响[J].世界热带农业信息(6):15-16.

江西大学,1982.中国农业螨类[M].上海:上海科学技术出版社.

焦懿,余道坚,徐浪,等,2011.泰国榴莲上截获重要害虫气生根粉蚧[J].植物检疫,25(3):62-64.

李锡文,1990.中国植物志:第50卷第二分册[M].北京:科学出版社.

刘海军,胡学难,2015.中国关注东盟农产品检疫疫情及有害生物[M].广东:广东科技出版社.

潘永贵,2008.榴莲果实采后生理品质变化和储藏技术[J].中国南方果树,37(4):45-47.

王慧芙,1981.中国经济昆虫志:第二十三册[M].北京:中国科学出版社.

王宁,2014.榴莲的栽培技术.农村实用技术[J].农村实用技术(5):21.

吴际云,顾光昊,夏飞平,2003.泰国输华水果存在的问题不容忽视[J].植物检疫,17(3):171-172.

吴佳教,黄瑾英,2014.入境台湾水果口岸关注的有害生物[M].北京:北京科学技术出版社.

肖刚柔,1992.中国森林昆虫[M].北京:中国林业出版社.

杨君,2000.南国水果之王——榴莲[J].中国果菜(1):25.

杨连珍,2002.山竹子[J].热带农业科学,22(4):60-71.

赵养昌,陈元清,1980.中国经济昆虫志:第二十册 鞘翅目象虫科[M].北京:科学出版社.

浙江农业大学植物保护系昆虫学教研组,1964.农业昆虫图册[M].上海:上海科学技术出版社.

中国植物保护学会植物检疫学分会,1993.植物检疫害虫彩色图谱[M].北京:科学出版社.

周又生,朱天贵,陆进,等,2000.石榴棉铃虫*Hellothisarmigera*(Hubner) 发生规律及其防治研究[J].西南农业大学学报,22(1):33-38.

邹明宏,杜丽清,曾辉,等,2007.藤黄属植物(*Garcinia*)资源与利用研究进展[J].热带作物学报,28(4):122-127.

Hiroshi K.,Angoon L.,1993.Lepidopterous Pests of Tropical Fruit Trees in Thailand.JICA,March [M].Bangkok,Thailand.

P. Kumar, S. Sharma,A. Srivastava,2008.Tortricids (Lepidoptera:Tortricidae) as new records North-West Shivaliks (India)[J]. J.ent. Res., 32(4):349-354.

Prasert Anupum,1997.Exotic Thai Fruits[M].Thailand Department of Agriculture.

Scgsarnviriya, S., Limophasmanee, W. Vongcheeree,et al.,2007.Effect of Radiation on Durian Seed Borer (Mudaria luteileprosa Holloway)[J]. Thailand, Agricultural Sci. J.,38(6): 235-238.

Williams D.J., 2004.Mealybugs of Southern Asia[M]. Kulala Lumpur, Malaysia.

图书在版编目（ＣＩＰ）数据

榴莲山竹生产与病虫害防治 / 梁广勤，胡学难，赵菊鹏
主编. — 北京 : 中国农业出版社，2017.1（2023.3重印）
ISBN 978-7-109-22160-4

Ⅰ．①榴… Ⅱ．①梁… ②胡… ③赵… Ⅲ．①榴莲－
病虫害防治②山竹－病虫害防治 Ⅳ．①S436.67

中国版本图书馆CIP数据核字(2016)第229173号

中国农业出版社出版
（北京市朝阳区麦子店街18号楼）
（邮政编码 100125）
责任编辑 杨桂华 廖 宁

北京通州皇家印刷厂印刷 新华书店北京发行所发行
2023年3月第1版北京第3次印刷

开本：880mm×1230mm 1/32 印张：4.75
字数：120千字
定价：46.00元
（凡本版图书出现印刷、装订错误，请向出版社发行部调换）